Jose Mijares
Anthony Guanipa

**Molienda de Minerales no metálicos**

Jose Mijares
Anthony Guanipa

# Molienda de Minerales no metálicos

## y Mejora en sus procesos

Editorial Académica Española

**Imprint**

Any brand names and product names mentioned in this book are subject to trademark, brand or patent protection and are trademarks or registered trademarks of their respective holders. The use of brand names, product names, common names, trade names, product descriptions etc. even without a particular marking in this work is in no way to be construed to mean that such names may be regarded as unrestricted in respect of trademark and brand protection legislation and could thus be used by anyone.

Cover image: www.ingimage.com

Publisher:
Editorial Académica Española
is a trademark of
International Book Market Service Ltd., member of OmniScriptum Publishing Group
17 Meldrum Street, Beau Bassin 71504, Mauritius

Printed at: see last page
**ISBN: 978-620-2-16290-6**

# AGRADECIMIENTOS

A mi Señor Jesucristo, el Dios todopoderoso, el más Grande de la historia, mi amigo, por vivir este desafío junto conmigo, por ser mi guía, mi fuerza y mi ayuda en cada uno de mis días, en cada desafío que presenté durante mi carrera, por darme la victoria siempre, aún en esos momentos en los que pensé todo estaba perdido, porque sencillamente nada, absolutamente nada podemos lograr lejos de Él. A Él sea la gloria, por siempre.

A mis padres, Teresa García y Paul Guanipa, por estar siempre conmigo, por haber inculcado en mi lo importante que es emprender una carrera profesional, por formarme en educación y valores.

A mis hermanas por su apoyo incondicional.

A mi tutora por guiarnos durante este trabajo.

A mi compañero de tesis José mijares, por aguantarme.

A todos mis compañeros de estudio.

*... A todos, GRACIAS TOTALES!*

*Antony Guanipa*

# AGRADECIMIENTOS

Mi agradecimiento especial y principal es para mi padre celestial, por la cual hoy logro esta meta, gracias a él tengo personas tan especiales alrededor.

Mis padres por su gran apoyo y dedicación

A mis amigos los cuales me apoyaron en cada etapa de mi carrera

A mí amada novia por su incondicional apoyo y comprensión

Gracias a mi tutora y compañero de tesis por su constancia y paciencia en todo el proceso de este trabajo.

José Mijares

Dedico este trabajo y mi título a Dios, a mis padres y familiares, amigos, hermano y mi novia, . Pero de forma muy espacial lo dedico a la memoria de mi abuela, persona muy importante e incondicional en el trascurso de mi vida y mi carrera.

José Mijares

UNIVERSIDAD DE CARABOBO

FACULTAD DE INGENIERIA

ESCUELA DE INGENIERIA INDUSTRIAL

## Propuesta de Mejoras en el Proceso de Molienda de Minerales no Metálicos en la Empresa Corporación American Minerals C.A.

**Tutor Académico:**

**Autores:**

Prof. Elisa Torres

Guanipa Anthony, C.I:19411602
Mijares José, C.I:20293625

## RESUMEN

La presente investigación tiene como objetivo general proponer mejoras en el proceso de molienda de minerales no metálicos en la empresa Corporación American Minerals C.A., ubicada en el municipio Puerto Cabello del Estado Carabobo. Este trabajo está enmarcado bajo la modalidad de proyecto factible el cual se apoya en una investigación de campo utilizando la línea LP2 de molienda y esterilización como unidad de análisis, de igual forma la observación directa y entrevistas no estructuradas como herramientas para la recolección de datos con la finalidad de conocer las condiciones actuales del proceso. Asimismo, se aplicó la metodología de Eliminación Sistémica de Desperdicios (ESIDE), apoyado por el diagrama Causa-Efecto para realizar el análisis de la situación actual, logrando identificar los desperdicios y determinar la causa raíz del problema. Aplicando el método REBA se pudo evaluar el nivel de riesgo asociado a la aparición de trastornos de tipo músculo-esqueléticos en el área de ensacado-paletizado, ya que en esta interviene el operario de forma directa, arrojando como resultado que las actividades de colocar el saco en la ensacadora, levantarlo y posteriormente colocarlo en la paleta presentan un nivel de riesgo considerado como muy alto y recomendando la inmediata intervención por parte de la organización. Las propuestas planteadas van dirigidas a reducir los tiempos de procesamiento de materia prima, mejor aprovechamiento de los espacios y eliminar el esfuerzo excesivo que compromete la salud de los operarios; dichas propuestas fueron evaluadas con el propósito de conocer su impacto económico, arrojando un TR de la inversión de 4,9 meses para la implementación de las propuestas.

**Palabras clave:** Desperdicios, ESIDE, REBA, mejoras.

# ÍNDICE GENERAL          PÁG.

# ÍNDICE DE TABLAS PÁG.

# ÍNDICE DE FIGURAS PÁG.

# INTRODUCCIÓN

Los procesos por medio de los cuales se obtienen los subproductos y productos, se les conoce como procesos de manufactura; su evolución y estudio comprende un campo fértil para el desarrollo de diversos trabajos en diferente áreas.

En la actualidad, las empresas buscan evolucionar y utilizar nuevas tecnologías en sus procesos de producción, ya que éstos son norte y base fundamental para mejorar e incrementar notablemente la capacidad de producción de muchas plantas industriales, sin importar a qué ramo o rubro puedan dedicarse.

Este estudio se realizó en la empresa Corporación Amerinan Minerals C.A, la cual se encarga de la fabricación y distribución de Carbonato de Calcio y Talco. Para el momento, la empresa presenta una serie de problemas a lo largo del proceso de producción relacionados con posturas inadecuadas, reprocesos, tiempos de ejecución elevados, almacenaje de materia prima, entre otros aspectos que afectan la capacidad de producción, generan costos adicionales y por ende disminuye el beneficio obtenido por la organización. En vista a las condiciones actuales en las que opera la empresa surgió como objetivo del presente estudio, el planteamiento de una serie de propuestas de mejoramiento que permitan eliminar los desperdicios, mediante la aplicación de la metodología denominada ESIDE (Eliminación Sistémica de Desperdicios), con la cual se busca la detección y eliminación de desperdicios presentes en el área de molienda y esterilización, para lograr un mayor rendimiento de todas las actividades realizadas en los procesos, dando prioridad a los problemas más relevantes. Además, se aplica el diagrama Causa-Efecto, como una herramienta previa a la implementación de la metodología mencionada anteriormente, con la cual se busca un análisis generalizado de todos los problemas que están afectando el proceso y las causas raíces que pudieran originar los mismos.

El presente trabajo está estructurado de la siguiente manera:

- **Capítulo I**, engloba el problema con su planteamiento, se menciona la formulación de problema, se define el objetivo general y los objetivos específicos de la investigación, explicando la justificación y el alcance.

- **Capítulo II**, hace referencia al Marco Teórico en los que se fundamenta la investigación y antecedentes.

- **Capítulo III**, se especifica que la investigación es de tipo factible, debido a que está dirigida a solucionar una problemática, se denomina de campo, puesto que los datos fueron tomados directamente de la realidad, y se llevó a cabo mediante un diseño no experimental, con un nivel descriptivo, dado que los datos se estudiaron tal como fueron observados y recolectados, sin manipulación alguna.

- **Capítulo IV**, se describe y analiza la situación actual, mediante las herramientas y técnicas adecuadas. Se usa el Diagrama Causa-Efecto, la metodología ESIDE y el método REBA con el objetivo de determinar las causas raíces de los problemas que afectan la productividad.

- **Capitulo V**, se plantean y diseñan las propuestas de mejoras, explicando en cada caso el método a seguir para su correcta implementación, señalando los costos asociados, beneficio y tiempo de recuperación en la inversión.

- **Conclusiones**

- **Recomendaciones.**

# CAPÍTULO I

## 1. EL PROBLEMA

### 1.1. PLANTEAMIENTO DEL PROBLEMA

Muchas empresas en el mundo han jugado un papel muy importante en el campo industrial, con el pasar de los años han surgido nuevas tecnologías, nuevos métodos de estudios, procesos avanzados, ideas brillantes y nuevas competencias que han marcado el ritmo del crecimiento industrial a nivel mundial, este crecimiento acelerado ha dejado fuera del juego a muchas empresas por no contar con las condiciones exigidas por su entorno.

La competencia y ser competitivo siempre ha sido un factor indispensable para las industrias al pasar de los años, pero en la actualidad, se ha convertido en una de las cualidades más importantes que debe mantener una empresa para poder estar a la altura del mercado; esta necesidad por mantenerse vigentes y ser competitivo ha logrado, por un lado, que las organizaciones logren alcanzar un nuevo nivel en la manera como logran exigirse y llevar al máximo sus procedimientos y métodos de trabajo, por otro lado, ha ocasionado que empresas que no cuentan con una sólida estructura  arriesguen mucho más al momento de implementar estrategias para mantenerse competitivos, obteniendo resultados totalmente desfavorables.

Estas exigencias de un mercado que se encuentra en un constante crecimiento, consumidores que esperan productos que cumplan con sus especificaciones, deseos, estándares de calidad, la posibilidad de poder elegir entre una alta variedad de productos, son variables que determinan el bienestar de una organización, y una manera de garantizarlos es a través de la productividad.

Esta idea comienza con la necesidad de lograr aumentar el nivel de utilización y aprovechamiento de todos los recursos que se utilizan durante el proceso de producción como: Materiales, maquinaria, infraestructura, mano de obra, entre otras, y así de esta manera, obtener como resultado una mejora continua, ser competitivo (mejorando calidad de servicio, calidad del producto, procesos de fabricación, métodos de trabajo) que parten, como base principal, desde el deseo de alcanzar una mayor productividad.

Dentro del ambiente industrial de Venezuela, se encuentran empresas públicas y privadas, empresas manufactureras que se han visto en la obligación de planificarse, crecer y distribuirse con las exigencias del mercado. Entre estas empresas se encuentra Corporación American Minerals, C.A., organización que se vio en la necesidad de mejorar su sistema productivo con el objetivo principal de aumentar su producción, dado el incremento de producto defectuoso el cual impulsó el incumplimiento de la producción real, por lo tanto se requirió mejorar los procesos para lograr el nivel de producción deseado y así satisfacer las exigencias del mercado.

CAM C.A., empresa productora de minerales no metálicos presenta una serie de problemas que afectan los procesos de molienda. A continuación se presentan los más relevantes:

- El Carbonato de Calcio, es uno de los principales productos que se fabrican en CAM C.A., su producción es de gran importancia por tratarse de un producto que presenta una alta demanda en el mercado, siendo de  utilidad en diferentes procesos industriales y sectores como plásticos y cauchos, cerámicas, farmacia, alimentos, agriculturas, entre otros. En total, para la fecha, se requirieron 570 toneladas de carbonato de calcio al Departamento de Producción, y sólo se lograron producir 316 toneladas, es decir, sólo se pudo cumplir con el 55 % de las exigencias de ventas, dando como resultado 20 millones de bolívares en pérdidas en lo que va de año (2016). Las principales causas de este problema están relacionadas con:

> Las características que posee la materia prima: ya que por motivos de fallas en el control de calidad, el material defectuoso ingresa al proceso. Se realizan las inspecciones sólo del primer camión recibido por cada lote de materia prima, cabe destacar que los lotes de materia prima vienen divididos en 4 camiones aproximadamente y la diferencia entre las llegadas de cada uno puede ser de hasta un mes, en donde la materia prima varia considerablemente en sus características y de igual forma están siendo almacenadas en un mismo montículo por lote (mezclándose sin importar las diferencias debido a que no se cuenta con un área de almacenamiento acondicionada para este fin).

> El proceso de producción no cuenta con actividades ni operaciones para garantizar el acondicionamiento de la materia prima antes de ser molida. En este sentido se tiene registrado desde septiembre del 2015 hasta la fecha, una cantidad de 47 toneladas fuera de especificaciones sólo en el caso del carbonato de calcio con materia prima blanca-blanca (Dolomita), lo que representa un 69 % de producto defectuoso. Cabe destacar que parte de la materia prima suministrada por las canteras de minerales son aceptadas en condiciones de

suciedad por la falta de materia prima de mejores características (importadas).

- Se han detectado pérdidas de materia prima en algunas partes de las máquinas y en la actualidad se estima que estas pérdidas (merma) son de 3% en relación a la materia prima procesada. Estas pérdidas se presume, pudieran ser ocasionadas por fugas de aire presentes en los sistemas de suministros de las máquinas, específicamente en las tuberías y las  uniones que existen entre los equipos, éste aire comprimido que circula en el proceso está mezclado con material molido ya que es el mecanismo de traslado de material entre los equipos de la planta desde el proceso de molienda hasta el ensacado de producto terminado.

- Problemas con el acondicionamiento del molino para el cambio de materia prima:

  ➢ El material extraído de la cámara de molienda es de aproximadamente 150 kg. En la actualidad éste material se arroja directamente al suelo el cual se encuentra contaminado por partículas de otros materiales y suciedad, y después es recogido con palas para su posterior almacenamiento como producto defectuoso. Esta operación se realiza de esta manera en busca de agilizar el proceso y no retrasar la producción aún más. Cabe acotar que gran parte de la contaminación presente en el área proviene de las aves y sus excrementos, ya que la infraestructura no se encuentra cerrada en su totalidad y existen espacios abiertos en el techo, lo que permite que ellas entren y contaminen dentro de la planta ocasionando la suciedad en el piso.

➢ Tiempo de puesta a punto elevado: como se mencionó anteriormente, cada vez que se reporta cambio de materia prima en una línea de producción, luego de parar la línea se debe acondicionar la cámara de molienda para dicha actividad, para esto se requiere una parada de la línea de 35 min en promedio para extraer de la cámara de molienda  todo el material retenido en el molino. Actualmente, este proceso se realiza en promedio cinco veces por semana en cada línea de producción. Cabe destacar que éste consumo de tiempo se debe a que la operación es netamente manual y no se cuenta con herramientas que agilicen la operación.

- El incumplimiento del almacenaje establecido, lo cual afecta el desenvolvimiento del proceso de producción. Se evidencia claramente materiales con distintas fases de producción ubicados en un mismo almacén temporal o permanente. Específicamente, existen equipos y herramientas que se encuentran alojados en lugares inadecuados obstruyendo el paso y abarcando espacios que pueden ser utilizados de forma más eficiente para agilizar y mejorar el proceso. Existe maquinaria parada por falta de herramientas y repuestos, éstas fueron desinstaladas pero no han sido movidas a un área acondicionada para tal fin, sino que aun se encuentran abarcando espacio, lo mismo ocurre con los empaques Big Bac donde llega la materia prima, éstos son reutilizados como empaque para producto terminado, una vez extraída la materia prima contenida en ellos, los Big Bac que se encuentran en buen estado son alojados en áreas que no están destinadas para ellos, desaprovechando este espacio. Cabe destacar que los procesos han sido modificados empíricamente para agilizar el proceso pero estos han ocasionado una desestabilización en el proceso de almacenaje posiblemente debido a la ubicación inadecuada de los almacenes.

- Posiciones disergonómicas: adoptadas por los operadores en el proceso de paletizado. Esto se debe a que la paleta se encuentra en el piso y luego de pesar cada saco deben inclinarse para colocarlos en ella, vale la pena acotar que los sacos pesan 25 kg en promedio, repitiendo este proceso 50 veces, ya que ese es el número de sacos por paleta. Seguidamente, luego de llevar la muestra al laboratorio y esperar el posicionamiento de una nueva paleta, repite los pasos descritos anteriormente. Durante la jornada laboral de 8 horas se completan en promedio 14 paletas por cada línea de proceso.

- En referencia al manejo de inventario, la empresa no tiene una política establecida para su control ni cuenta con un procedimiento para la estimación de los inventarios de seguridad para la elaboración de las órdenes de compra ni para el almacenaje de productos terminados. En la actualidad la empresa tiene un almacenaje desproporcionado con relación al volumen de venta de cada producto, es decir, no se toma en cuenta la demanda para estimar estas cantidades almacenadas por cada producto.

- Operaciones realizadas en el área de ensacado:

  > El tiempo invertido en la operación de ensacado no está estandarizado, siendo la actividad en donde se genera el cuello de botella del proceso. Además, ésta operación se ejecuta de distintas maneras según el operador que esté de turno, esto afecta la planificación de producción y las estimaciones reales de procesamiento. El proceso de ensacado funciona de manera

semiautomática, de modo que es el operador quien acciona la ensacadora para realizar su función; durante el proceso el operario debe activar la ensacadora, supervisar el llenado, retirar, pesar y paletizar cada saco, arrojando como resultado que la ensacadora este operativa sólo 30 segundos por vez; además, momentos previos a comenzar el ensacado, el operador debe preparar el material de empaque sellándolo según el lote de producción, peso neto  y producto procesado, ésta actividad mantiene sin operatividad a la ensacadora 5 minutos. En total, la ensacadora semiautomática está en funcionamiento un 65 % de su capacidad máxima.

> Existe reproceso al momento de realizar el llenado en presentación Big Bac (Gran Saco), ya que por tratarse de un empaque muy grande, en ocasiones los operarios realizan el llenado basándose en su experiencia y al momento de pesar el gran saco, éste se excede del peso que debería tener, el cual es entre 900 kg y 1000 kg, lo que conlleva que los operarios tengan que sacar material del mismo con una pala hasta obtener el peso deseado.

- Las paradas de planta, las cuales han tenido un impacto desfavorable en la producción:

> Entre éstas se encuentran las paradas por concepto de mantenimiento, específicamente por fallas que se encuentran presentes en el sistema de producción. En promedio, desde enero de este año, del total de horas mensuales (460 h/mes), se contabilizan en promedio 35  h/mes de paradas por este concepto, consumiendo el 8 % del tiempo operativo de la

planta. La empresa carece de un plan de mantenimiento preventivo que permita detectar el comienzo de los problemas, y así poder utilizar los tiempos de paradas de planta ya programados para ejecutar los cambios.

➢ Actualmente, el Departamento de Producción planifica la producción de forma empírica, lo que afecta la productividad al tener trabajos atrasados. En ocasiones, se presentan inconvenientes al momento de cumplir con una orden de compra, debido a que no se realiza un seguimiento estricto de los productos que se están fabricando y, al momento de presentarse productos defectuosos, sacos rotos, entre otros, durante el proceso de producción, estos no se informan de manera inmediata al Departamento de Control de Calidad para que registre la falta de un producto determinado y pueda darse la orden de sustituirlo, esto podría ocasionar que se retrasen los pedidos hasta que se logre determinar lo ocurrido con los productos que no se registran como defectuosos inmediatamente.

Todas y cada una de estas irregularidades forman parte de las situaciones desfavorables presentes en la empresa que ponen en riesgo la competitividad de la misma, y para CAM es vital lograr revertir cada una de ellas, ya que es de gran importancia mantener la calidad en los productos, satisfacer las exigencias del mercado y por ende, obtener beneficios y mantener el bienestar social y económico de sus empleados.

## 1.2. FORMULACIÓN DEL PROBLEMA

¿Cómo se puede mejorar el proceso de molienda de minerales no metálicos de la empresa Corporación American Minerals, C.A.?

## 1.3. OBJETIVOS

### 1.3.1. Objetivo general

Proponer mejoras en el proceso de molienda de minerales no metálicos en la empresa Corporación American Minerals, C.A.

### 1.3.2. Objetivos Específicos

- Describir la situación actual del proceso de molienda de minerales no metálicos.

- Analizar los desperdicios presentes en el proceso de molienda de minerales no metálicos.

- Proponer un plan de mejoras que permita disminuir los desperdicios encontrados en el análisis realizado.

- Evaluar las propuestas de mejoras, con el propósito de conocer su impacto económico y otros beneficios.

## 1.4. JUSTIFICACIÓN DEL PROBLEMA

Para la empresa Corporación American Minerals, C.A, es de suma importancia mantener sus estándares de calidad, garantizando productos que cumplan con las especificaciones del cliente; en la actualidad existe una serie de irregularidades que han puesto en riesgo el óptimo funcionamiento de sus procesos, por ello es prioridad para la organización concentrarse en la necesidad de elevar los niveles de producción, usando de la mejor forma posible los recursos materiales y humanos, disminuyendo los desperdicios de tiempos en el proceso y buscar del mismo modo, garantizar un suministro de materia prima con características de calidad que permita obtener  números positivos con respecto a producto terminado dentro de las especificaciones.

Partiendo de estas premisas, con este estudio se logró evidenciar las deficiencias del proceso y al mismo tiempo se elaboraron propuestas de mejora que buscan minimizar o eliminar estas debilidades, brindándole a la empresa las herramientas de mejora como gráficos, tablas y diagramas, que en la actualidad no poseen, así como un estudio en el proceso de producción de minerales no metálicos molidos, para buscar las posibilidades de mejora en el proceso y en los puestos de trabajo. Asimismo, ofrece a la organización nuevas oportunidades de desarrollo a través de la filosofía del mejoramiento continuo con miras a tener un mejor impacto en la industria carbonatera y de minerales en general, identificando la causa-raíz  y establecer las mejoras necesarias para reducir los tiempos requeridos en la ejecución de los trabajos o mejorar los métodos existentes, conservando los recursos, reduciendo los costos y proponiendo si es conveniente operaciones o dispositivos con un mínimo de inversión, que agreguen valor a la producción para así  generar un producto cada vez más confiable, de alta calidad y una máxima satisfacción de sus empleados y clientes, obteniendo mejores ganancias y beneficios en el mercado competitivo.

Por otro lado, éste trabajo será de gran ayuda para el estudiantado de la Universidad de Carabobo, en cuanto al establecimiento de bases y lineamientos para otras investigaciones, aportando conocimientos en lo que compete al estudio de los niveles de producción empresariales, diagnósticos y análisis de situaciones irregulares, propuestas de mejoras en sus procesos e impacto económico de los mismos, con el fin de promover un crecimiento y desarrollo del bienestar social y económico de la organización en general.

Asimismo, la realización de este Trabajo Especial de Grado brindó a los autores la oportunidad de aplicar un amplio abanico de conocimientos, metodologías, herramientas y técnicas aprendidas durante la carrera de Ingeniería Industrial, así como también de adquirir experiencias mediante el planteamiento de soluciones a diferentes problemáticas que afectan el desempeño productivo de la empresa. Éste trabajo está orientado a la aplicación de herramientas de análisis que permiten detectar las causas raíces de los problemas como el diagrama Causa-Efecto, la metodología ESIDE, análisis REBA, entre otros, que brindaron la oportunidad de unir conceptos fundamentales para la formación de un Ingeniero Industrial y la experiencia para futuros trabajos de investigación concernientes a éste tema.

## 1.5. ALCANCE Y LIMITACIONES

El presente trabajo está limitado geográficamente al espacio físico de la planta de molinería de la empresa CAM Corporación American Minerals C.A, Puerto Cabello Estado Carabobo, y está enfocado a establecer propuestas de mejoras para el proceso en general, tomando en cuenta la gestión de almacenaje, planeación, suministros y las actividades desarrolladas por los operarios en la planta. En lo que respecta las líneas de molienda se estudió el proceso de producción de la línea de procesos dos (2) ya que a diferencia de las demás líneas, cuenta con un proceso de esterilización y a través de ella se puede obtener  la mayor parte de productos comercializados por la empresa.

Las propuestas y análisis correspondientes fueron planteadas usando herramientas de  Ingeniería Industrial, más no se contempló la implantación de las mismas, por lo que su ejecución dependerá de la Dirección de la Empresa. Para establecer las mejoras se diagnosticaron los procesos y gestiones actuales, analizando los tiempos de producción y de ejecución de las actividades, las causas que generaban productos fuera de especificaciones y las paradas de planta en las que se incurren durante el proceso.

## CAPÍTULO II

## 2. MARCO TEÓRICO

## 2.1. ANTECEDENTES DE LA INVESTIGACIÓN

Luego de indagar en diversas fuentes, se evidenció que investigaciones llevadas a cabo con anterioridad, muestran similitud técnica y metodológica con el presente proyecto, y fueron tomadas como referencia en la realización del mismo.

Escorcha y Rivas, (2013), en su Trabajo Especial de Grado titulado: "Propuestas de mejoras en los métodos de trabajo para incrementar la productividad en el proceso de corte de cintas de seguridad en 3M Manufacturera Venezuela, S.A.", se plantearon como objetivo principal proponer mejoras en los métodos de trabajo para incrementar la productividad en el proceso de corte de cintas de seguridad T309T/3/4" x 330 en la empresa 3M Manufacturera Venezuela, S.A., para ello se realizó un diagnóstico de la situación actual usando como herramientas de recolección de datos  la observación directa y entrevistas no estructuradas, y luego analizaron la información haciendo uso de técnicas de cronometrado, análisis REBA, diagramas de Causa-Efecto y diagramas Hombre-Máquina. Se idearon una serie de propuestas de mejoras que incluyen la colocación de un alineador de Log-Roll que disminuye los desperdicios en el proceso de cortes de cintas en un 100% y el recorrido en un 93,61 % así como  una disminución del tiempo de ciclo general en un 38,38 %, con todas las mejoras propuestas se logró un aumento teórico de 83,5 % en la productividad del proceso.

Este trabajo guardó relación con la presente investigación ya que estuvo orientado a la creación de propuestas de mejoras en métodos de trabajo con el fin de eliminar desperdicios, aportando información necesaria acerca de la implementación y evaluación de las diferentes herramientas de análisis antes mencionadas.

Por su parte, Aguiar y Monasterio (2013), en su Trabajo Especial de Grado titulado: "Plan de mejoras en la línea de envasado N°10 de la empresa Cervecería Polar, C.A., San Joaquín, se plantearon como objetivo principal proponer un plan de mejoras que permitiera reducir los tiempos de paradas no planificadas en la línea de envasado n°10. En dicho trabajo se desarrolló una investigación enmarcada como un proyecto factible, con un diseño de campo, realizando un diagnóstico de la situación actual empleando la observación directa y la entrevista no estructurada como método de recolección de datos. Asimismo, analizaron la información obtenida con la ayuda de técnicas como estudio de tiempos y análisis REBA. Por otro lado, la implementación de la propuesta de trabajo permitió la obtención de beneficios tales como la disminución de sobrecarga de actividades del personal que labora dentro de la unidad operativa evaluada, debido a que todos los equipos se encontrarán funcionando al 100%, ésta disminución fue medida de forma cualitativa. Asimismo se obtuvo un aumento en ingresos por la disminución de compra de equipos debido a daños por falta de prevención de fallas, partiendo de un plan de capacitación de los operarios que les permitiera adquirir adiestramiento para la buena utilidad de los equipos, permitiéndole a la empresa recuperar la inversión en un lapso de seis (6) meses. De igual forma se logra la disminución de los tiempos de paradas de línea producto de la capacitación recibida por parte de los operarios para realizar de manera efectiva y a tiempo, los mantenimientos necesarios en los equipos, específicamente en el área de envasado nº 10 de la empresa objeto de estudio.

Este trabajo especialmente aportó a esta investigación la metodología de implementación y elaboración de un plan de mantenimiento así como las bases teóricas relacionadas al mantenimiento industrial.

De manera similar, Oirdobro y Sánchez (2012) desarrollaron un Trabajo Especial de Grado titulado: "Plan de mejora de proceso en la línea de producción UNILOY 6 en la empresa Plásticos y Desarrollo S.A.", se plantearon como objetivo principal la elaboración de un plan de mejora de proceso en la línea de producción UNILOY 6 enfocado bajo la modalidad de investigación de proyecto factible, investigación que a diferencia de las demás referencias  se llevó a cabo en tres fases: el diagnóstico de la situación actual, análisis de las causas, diseño y desarrollo de un plan de mejoras. Durante el diagnóstico de la situación actual se utilizaron herramientas de recolección de datos tales como descripción del proceso productivo, diagrama de proceso, observaciones directas, entrevista no estructurada. Esta información fue analizada a través de técnicas como estudio de tiempos, entre otras. Finalmente, se elaboró un plan de mejoras que consistió en la implementación de indicadores de gestión, plan de capacitación al personal y aplicación del mantenimiento preventivo logrando así controlar y garantizar el buen funcionamiento de la línea.

Por su similitud del punto de vista descriptivo y analítico  con este trabajo, su aporte a la presente investigación fue de gran importancia, ya que permitió definir con claridad los aspectos relacionados a  la Productividad y a la Ingeniería de Métodos, la creación e implementación de un plan que permita la capacitación del personal y la implementación de los indicadores de gestión

## 2.2. BASES TEÓRICAS

### 2.2.1. Proceso y Productividad

**Proceso**

Definido por Falconi (1992), como un conjunto de causas que provoca uno o más efectos. Una empresa es un proceso y dentro de ella pueden efectuarse varios de estos, los cuales pueden ser de manufactura o de servicio, siendo este último el efectuado en el centro de distribución.
Existen dos tipos principales de procesos que se pueden presentar tanto en las empresas manufactureras como en las empresas de servicios:

- *Proceso intermitente*: se caracteriza por un bajo nivel de producción y por tipo de producto, utilizando equipos de uso general, con la peculiaridad de presentar cambios constantes en la planeación de la producción y una gran variedad de productos a fabricar.
- *Proceso continuo*: se caracteriza por presentar altos niveles de producción y utilización de la maquinaria especializada para realizar las operaciones.

**Productividad**

La palabra "productividad" en su sentido formal según Sumanth (1990) se mencionó por primera vez en un artículo de Quesnay en el año de 1776, un siglo más tarde en 1883 Littre definió la productividad como "la facultad de producir"; pero fue hasta principios del siglo XX que el término adquirió un significado más preciso como una relación entre lo producido y los medios empleados para hacerlo, conocido en la actualidad como el enfoque tradicional de la productividad, el cual está influenciado por las viejas doctrinas de la Ingeniería Industrial, que desde el Taylorismo hablan de la productividad laboral enfatizando que la clave de la productividad radica en aumentar la cantidad de unidades de productos producidas, disminuyendo el consumo de recursos.

Ferguson (1985) menciona que "Productividad es simplemente la relación entre los productos generados por un sistema y los insumos suministrado para crear esos productos. Los insumos en la forma general de trabajo (recursos humanos), de capital (financiero y físico), energía, materiales, etc., que se introducen en el sistema. Estos recursos se transforman en productos (bienes y servicios)". De acuerdo con Gómez (1985) la productividad es "la relación entre la cantidad física de bienes y servicios obtenidos en un periodo determinado y la cantidad de recursos gastados en lograrla" (pág.19).

Perel, Blanco y Shapira (1991), consideran que lograr la productividad, es maximizar la creación de riqueza de todos los recursos (hombre, tiempo, ideas, información y los insumos materiales). Davis y Newstrom (1993), definen la productividad como:

> La relación que existe entre la producción total y el resultado final (outputs), y los recursos tiempo, dinero y esfuerzo (imputs) utilizados para lograrla. Si se incrementa la producción como la misma cantidad de recursos, se obtiene una mayor productividad, al igual que si se emplean menos recursos para logar la misma meta. Mientras más alto sea el nivel de productividad del proceso físico, mayor será la probabilidad de que una entidad sobreviva y prospere económicamente, (pág.23).

En términos generales la productividad es una medida de la eficiencia, la cual indica que tan bien una compañía usa los recursos en un periodo determinado. En la actualidad hay que enfatizar tres elementos que diferencian la concepción de la productividad:

1. Los trabajadores: los cuales han cambiado sus necesidades, metas y deseos. En la actualidad los trabajadores se valoran más y exigen mejor clima de trabajo y oportunidades.

2. La tecnología: a medida que avanza ejerce un impacto sobre métodos y procesos establecidos, exigiendo que el recurso humano está más capacitado.

3. Responsabilidad por la productividad: en la actualidad no recae solamente en el gerente, sino que debe ser compartida por los trabajadores y aceptada por todos los miembros de la organización.

- **Factores que afectan la productividad de las empresas**

Hodson (2001), califica los factores que afectan la productividad de la siguiente manera:

1. Tecnológico

2. Tecno-organizativo

3. Humano

En cuanto a los factores tecnológicos a los que se refiere el autor, están constituidos por las maquinarias equipos e instalaciones necesarias en la transformación de la materia prima en productos, al igual que los conocimientos sobre dichos factores. Factores tecno-organizativos, se incluyen todos los métodos, sistemas, normas y procedimientos que afectan la productividad de una organización. El factor humano es vital en el proceso productivo, porque da movimiento y vida a la empresa; por su inteligencia es el único recurso creativo, y de allí su importancia en las organizaciones.

- **Medida de la productividad**

Según Crespata (2011), establece que la medida de la productividad se calcula de la siguiente manera:

Productividad mono factorial

Productividad = <u>Número de unidades producidas</u>

Imputs empleados


Productividad multifactorial:


Productividad =     <u>Outputs (bienes y servicios)</u>

Trabajo+Material+Energía+Capital+Varios


Otras empresas miden su productividad en función del valor comercial de los productos.


Productividad = <u>Ventas netas de la empresa</u>

Salarios pagados

Un aumento de la productividad se conseguirá cuando se emplee para una misma producción, el menor capital, la más pequeña cantidad de materiales de la calidad suficiente, el menor tiempo de fabricación con el mismo trabajo.


Mayor productividad = <u>          Igual producción          </u>

Menor cantidad de elementos empleados


Mayor productividad = <u>          Mayor producción          </u>

Igual cantidad de elementos empleados


**Indicadores**

Según (Rodríguez, 2003), sostiene que "los indicadores de gestión son expresión cuantitativa que permiten analizar cuán bien se está administrando una empresa, en áreas como uso de recursos (eficiencia), cumplimiento del programa (eficacia), errores de documentos (calidad), entre otros". Algunos de los indicadores de medición de la productividad utilizados son:

### a) Eficiencia

Por su parte, para (Figueroa, 2000), "la eficiencia es la capacidad para lograr un fin empleando los mejores medios posibles". Está relacionado con utilizar en forma óptima los recursos para lograr objetivos.

### b) Eficacia

Según la norma ISO 9000 (2005), cita que la eficacia es el grado en que se realizan las actividades planificadas y se alcanzan los resultados planificados.

### c) Efectividad

(Mejía, 1998), indica que la efectividad involucra tanto la eficiencia como la eficacia, es decir el logro de los resultados programados en el tiempo y con los costos más razonables posibles. Supone hacer lo correcto con gran exactitud y sin ningún desperdicio de tiempo o dinero.

### Medida de los indicadores

Según Blanca (2000), la medida de los indicadores se calcula de la siguiente manera:

$$\text{Rendimiento de Horas} - \text{hombres} = \frac{\text{Producto obtenido}}{\text{Horas} - \text{hombre empleadas}}$$

*Indica la relación entre el producto obtenido y las horas-hombres empleadas.*

$$\text{Disponibilidad} = \frac{\text{T total} - \text{T no operativo}}{\text{T total}}$$

Donde:

Ttotal: Es el tiempo total de operación del equipo.

T no operativo: Es el tiempo en el que el funcionamiento del equipo se ve interrumpido.

*Indica el porcentaje de tiempo en el que el equipo se encuentra disponible para operar.*

Rendimiento por Hora − Máquina = $\dfrac{\text{Producto obtenido por hora}}{\text{N}^{\circ}\text{ de máquinas}}$

*Indica la cantidad de producto que se obtiene por hora-máquina.*

Rendimiento de materia prima = $\dfrac{\text{Producto obtenido}}{\text{Materia prima consumida}}$

*Indica la cantidad de producto que se obtiene por hora máquina.*

### Importancia de la productividad

Jiménez (2008), considera que el único camino para que un negocio pueda crecer y aumentar su rentabilidad es aumentando su productividad. Para ello, el instrumento fundamental es la utilización de métodos, el estudio de tiempos y un sistema de pago de salarios: siempre y cuando haya una conjugación de hombres, materiales e instalaciones para lograr este objetivo. Lo más importante en el análisis de la productividad es el descubrimiento de posibles ahorros que se pueden hacer en los materiales, en los diseños, métodos, forma de producir, uso de servicios públicos, tecnología, etc., que lleven a disminuciones significativas en los costos de producción, y por ende, al encuentro de precios competitivos en el mercado.

### Ingeniería de Métodos

Para (Burgos, 2009), es el estudio de los métodos, materiales, equipos y herramientas involucrados en una tarea particular, está relacionada directamente con el establecimiento de métodos de trabajo, determinación del tiempo necesario para realizar una actividad y desarrollo del material que se requiere para darle uso práctico a estos datos.

### Estudio de método

Es una técnica que somete a cada operación de un trabajo a un análisis detallado para eliminar todo elemento u operación innecesaria además; Consiste en el registro, análisis, examen crítico y sistemático de los métodos existentes de las propuestas para llevar a cabo a un trabajo y en el desarrollo y aplicación de los métodos más sencillos y eficientes. Consiste en mejorar la forma de hacer un trabajo y en adiestrar al personal en los nuevos procedimientos (Riggs, 1998).

### Manejo de materiales

(Rachadell y Gómez, 2004) Señalan que el manejar materiales consiste en el suministro, mediante el uso del método correcto, de la cantidad exacta del material adecuado, en el lugar indicado, en el momento preciso, en la secuencia indicada en las mejores condiciones y al mínimo costo posible.

### Método REBA

Hignett S. y Mcatamney L, (2000) citado por Mas (2015), señalan que el método REBA está dirigido al análisis de extremidades superiores y a trabajos en los que se realizan movimientos repetitivos. Este método posee las siguientes características:

Busca dar respuesta a la necesidad de disponer de una herramienta que sea capaz de medir los aspectos referentes a la carga física de los trabajadores.

El análisis puede realizarse antes o después de una intervención para demostrar que se ha rebajado el riesgo de padecer una lesión. Da una valoración rápida y sistemática del riesgo postural del cuerpo entero que puede tener el trabajador debido a su trabajo. **Universidad Politécnica de Valencia, España.**

El desarrollo del REBA pretende:

Desarrollar un sistema de análisis postural sensible para riesgos músculos esqueléticos en las tareas realizadas por los operadores de la celda de mecanizado de DCC.

Dividir el cuerpo en segmentos para codificarlos individualmente, con referencia a los planos de movimiento.

Suministrar un sistema de puntuación para la actividad muscular debida a 52 posturas estáticas (segmento corporal o una parte del cuerpo), dinámicas (acciones repetidas, por ejemplo repeticiones superiores a 4 veces/minuto, excepto andar), inestables o por cambios rápidos de la postura.

Reflejar que la interacción o conexión entre la persona y la carga es importante en la manipulación manual pero que no siempre puede ser realizada con las manos.

Incluir también una variable de agarre para evaluar la manipulación manual de cargas.

Dar un nivel de acción a través de la puntuación final con una indicación de urgencia.

Requerir el mínimo equipamiento (es un método de observación basado en lápiz y papel).

**Diagrama Causa-Efecto.**

Para Ortiz y Illada  (2000) "El diagrama causa efecto es una herramienta desarrollada para representar la relación existente entre algún efecto y todas las posibles causas que lo influyen. Estas causas se encuentran agrupadas de acuerdo con su origen o raíz principal" (pág.53).

Para elaborar el diagrama causa efecto se siguen los siguientes pasos:
1. Definir claramente el efecto o síntoma cuya causa han de identificarse.
2. Encuadrar el efecto a la derecha y dibujar una línea gruesa central apuntándole.
3. Con la ayuda de la lluvia de ideas identificar las posibles causas.
4. Distribuir y unir las causas principales a la recta central mediante líneas de 70°. Aproximadamente.
5. Añadir subcausas a las causas principales a lo largo de la línea principal.
6. Descender de nivel hasta llegar a las causas raíz (fuente original del problema).
7. Comprobar la validez lógica de la cadena causal.
8. Comprobación de integridad: ramas principales con, ostensiblemente, más o menos causas que las demás o con menor detalle.

**Eliminación Sistémica del Desperdicio (ESIDE)**

ESIDE, es una herramienta de aplicación sistémica que busca la identificación y eliminación de todo tipo de desperdicio, el cual puede estar presente en cualquier actividad.

Surge después de estudiar cuidadosamente las técnicas modernas para la mejora de los procesos. (Ortiz e Illada, 2007)

**Descripción de la Metodología ESIDE**

ESIDE, consta de diez pasos:

1.- Seleccionar el sistema a ser analizado

2.- Recolectar y organizar la información

3.- Decidir el alcance de estudio

4.- Identificar los desperdicios presentes

5.- Cuantificar los desperdicios

6.- Analizar los desperdicios

7.- Diseñar y seleccionar las soluciones

8.- Evaluar el impacto de las soluciones en el sistema

9.- Planificar para la acción-control

10.- Implementar y controlar las soluciones

**Mantenimiento Preventivo, Correctivo y Predictivo:**

Según Malakias, R. (2002), para que los trabajos de mantenimiento sean eficientes es necesario el control, la planeación del trabajo y la distribución correcta de la fuerza humana, logrando así que se reduzcan costos, tiempo de paro de los equipos de trabajo, entre otros. De esta manera, para ejecutar lo anterior se hace una división de tres grandes tipos de mantenimiento:

- Mantenimiento correctivo: se efectúa cuando las fallas han ocurrido; su proximidad es evidente.

- Mantenimiento preventivo: se efectúa para prever las fallas con base en parámetros de diseño y condiciones de trabajo supuestas.

- Mantenimiento predictivo: prevé las fallas con base en observaciones que indican tendencias.

**Mantenimiento Centrado en Confiabilidad (R.C.M.):**

Según Cárdenas, C. (2009), el mantenimiento centrado en confiabilidad es un proceso utilizado para determinar los requerimientos de mantenimiento de cualquier activo físico en su contexto operacional. Una filosofía de gestión de mantenimiento, en la cual un equipo multidisciplinario de trabajo, se encarga de optimizar la confiabilidad operacional de un sistema que funciona bajo condiciones de trabajo definidas, estableciendo las actividades más efectivas del mantenimiento en función de la criticidad de los activos pertenecientes a dicho sistema, tomando en cuenta los posibles efectos que originaran los modos de falla de estos activos, a la seguridad, al ambiente y a las operaciones.

**Mantenimiento Productivo Total (T.P.M.):**

De acuerdo con Espinoza, F. (2000), este surgió en Japón gracias a los esfuerzos del Japan Institute of  Plant Maintenance (JIPM) como un sistema destinado a lograr la eliminación de las seis grandes pérdidas de los equipos, a los efectos de poder hacer factible la producción "Justin Time", la cual tiene como objetivos primordiales la eliminación sistemática de desperdicios. Estas seis grandes pérdidas se hallan directa o indirectamente relacionadas con los equipos dando lugar a reducciones en la eficiencia del sistema productivo en tres aspectos fundamentales:

- Tiempos muertos o paro del sistema productivo.
- Funcionamiento a velocidad inferior a la capacidad de los equipos.
- Productos defectuosos o malfuncionamiento de las operaciones en un equipo.

Por otro lado, el autor indica que el TPM incorpora una serie de nuevos conceptos entre los cuales caben destacar el Mantenimiento Autónomo, el cual es ejecutado por los propios operarios de producción, la participación activa de todos los empleados, desde los altos cargos hasta los operarios de planta, además de agregar a conceptos antes desarrollados como el Mantenimiento Preventivo, nuevas herramientas tales como las Mejoras de Mantenibilidad, el Mantenimiento Predictivo y el Mantenimiento Correctivo.

Seguidamente, el TPM requiere de un personal que haya desarrollado habilidades para el desempeño de las siguientes actividades:

- Habilidad para identificar y detectar problemas en los equipos.
- Comprender el funcionamiento de los equipos.
- Entender la relación entre los mecanismos de los equipos y las características de calidad del producto.
- Poder abalizar y resolver problemas de funcionamiento y operaciones de los procesos.

- Capacidad para conservar el conocimiento y enseñar a otros compañeros.

- Habilidad para trabajar y cooperar con áreas relacionadas con los procesos industriales.

## CAPÍTULO III

## 3. MARCO METODOLÓGICO

## 3.1. TIPO Y NIVEL DE LA INVESTIGACIÓN

La investigación científica se concibe como un proceso, término que significa dinámico, cambiante y evolutivo. Un proceso compuesto por múltiples etapas estrechamente vinculadas entre sí, que se da o no de manera secuencial o continua. Con la aplicación del proceso de investigación científica se generan nuevos conocimientos, los cuales a su vez producen nuevas ideas e interrogantes para investigar (Hernández, Fernández y Baptista, 2007).

El diseño de la investigación se refiere a la estrategia que adopta el investigador para responder al problema, dificultad o inconveniente planteado en el estudio. Palella y Martins, (2010), definen el diseño no experimental como:

> El que se realiza sin manipular en forma deliberada ninguna variable. El investigador no sustituye intencionalmente las variables independientes. Se observan los hechos tal y como se presentan en su contexto real y en un tiempo determinado o no, para luego analizarlos. (pág.87)

Por otro lado el tipo de la investigación hace referencia al tipo de estudio que se requiere y se define según la finalidad general de la investigación y sobre la forma en la cual serán recogidos los datos y la información requerida. En este sentido este trabajo se ubicó dentro de las características de un diseño no experimental con un tipo de investigación de campo, ya que los datos y la información requerida fueron recogidos en el área de estudio con recolección directa y documentación de registros previos.

La investigación de campo es un método directo para obtener información confiable que permita conocer la situación real del problema e imaginarse las propuestas para solucionarlo, para la UPEL (2011), la investigación de campo es:

> El análisis sistemático de problemas en la realidad, con el propósito bien sea de describirlos, interpretarlos, entender su naturaleza y factores constituyentes, explicar sus causas y efectos o predecir su ocurrencia, haciendo uso de métodos característicos de cualquiera de los paradigmas o enfoques de investigación conocidos o en desarrollo. La fuente principal de datos es el sitio donde se presenta el problema, los datos de interés son recogidos en forma directa de la realidad, en este sentido se trata de investigaciones a partir de datos originarios o primarios, (pág.18).

Finalmente la investigación se realizó con un nivel descriptivo, ya que se debe describir la situación actual del proceso para así determinar las causas de las deficiencias presentes en los talleres. Palella y Martins, (2010), dicen que "el propósito de este nivel es el de interpretar realidades de hecho. Incluye descripción registro, análisis e interpretación de la naturaleza actual, composición o procesos de los fenómenos". El nivel de tipo descriptivo hace referencia a las conclusiones sobre como las personas y los procesos se conducen y funcionan en el presente

De acuerdo al tema planteado referido a las mejoras en la productividad de la planta de molienda de minerales no metálicos CAM CORPORACION AMERICAN MINERALS C.A, y en función a los objetivos trazados, el presente trabajo corresponde a una investigación de proyecto factible, definido en el Manual para la Elaboración de Trabajos de Grado de Especialización, Maestría y Tesis Doctorales de la Universidad Pedagógica

Experimental Libertador (2011) como: "*Consiste en la investigación, elaboración y desarrollo de una propuesta de un modelo operativo viable para solucionar problemas, requerimientos o necesidades de organizaciones o grupos sociales; puede referirse a la formulación de políticas, programas, tecnologías, métodos o procesos*" (pág.21).

En este sentido, la delimitación de la propuesta final, pasa inicialmente por la realización de un diagnóstico de la situación existente y la determinación de las necesidades del hecho estudiado, para realizar propuestas enfocado a la estructuración de un plan de mejora de proceso.

## 3.2. UNIDAD DE ANÁLISIS

Esta investigación tuvo como unidad de análisis la línea 2 de molienda y esterilización conjuntamente con sus operarios, equipos y herramientas y la interacción que se da entre ellos durante el proceso de producción de la empresa CAM, CORPORACION AMERICAN MINERALS C.A.

## 3.3. FUENTES Y TÉCNICAS PARA LA RECOLECCIÓN DE LA INFORMACIÓN

Los instrumentos para la recolección de datos que han sido empleados en el desarrollo del presente estudio se mencionan a continuación:

**La entrevista informal o no estructurada**, más que un simple interrogatorio, es una técnica basada en un diálogo directo entre el entrevistador y el entrevistado. En este caso se llevó a cabo mediante conversaciones con los operadores de la planta, los  encargados de la planificación y control de la producción  e ingenieros conocedores del Área de Molienda, a fin de aprovechar su experiencia en el campo laboral y sus conocimientos dentro del campo de aplicación de las disciplinas que integran la elaboración del presente proyecto mediante la elaboración de preguntas concretas orientadas a obtener la información que permita responder las interrogantes de la investigación, en este caso empleándose como instrumento para la recolección de la información libretas de anotaciones comunes para recuperar los datos obtenidos luego de realizarse las entrevistas. Concretamente Parella y Martins (2010), dicen que la **entrevista no estructurada** "es la modalidad menos estructurada posible de entrevista. Se reduce a una simple conversación sobre el tema de estudio" (pág.32).

Ahora bien, siguiendo este mismo orden de ideas  Parella y Martins (2010) expresan que: **la observación** "consiste en el uso sistemático de nuestros sentidos orientados a la captación de la realidad que se estudia. Es por ello una técnica tradicional, cuyos primeros aportes sería imposible rastrear" (pág.35). En términos generales la  observación se considera una técnica que permite  visualizar o captar mediante la vista, en forma sistemática, cualquier hecho, fenómeno o situación que se produzca en la realidad de una empresa o un sistema en estudio, teniendo claro el  objetivo de la investigación.

Así pues partiendo de que  la  observación es directa cuando el investigador se pone en contacto personalmente con el hecho o fenómeno que trata de investigar .Se pudo  reconocer el área  de operación de los trabajadores de la empresa así como los procesos relacionados con el suministro, almacenaje y molienda de minerales, permitiendo verificar las condiciones ambientales y operativas  del espacio industrial, además se pudo reconocer los equipos con que cuenta la empresa para la producción de    carbonato de calcio y demás productos, evidenciando su funcionamiento.

Cabe destacar que para la recolección de información se llevó a cabo la **revisión documental** en donde se consultaron documentaciones interna de la empresa  así como normas, trabajos de grado, textos y fuentes electrónicas relacionadas con la investigación realizada.

La revisión de los documentos puede efectuarse al comienzo y durante la ejecución  de la investigación, y sirve de base enfocar el trabajo y la investigación, así como evaluar las condiciones actuales de los procesos para compararlas. Al utilizar esta herramienta se estudia toda aquella documentación recopilada sobre el área de estudio (libros, revistas, páginas web, formatos, etc.) que permitan extraer información precisa e indispensable para la elaboración de este proyecto.

## 3.4. TÉCNICAS DE ANÁLISIS DE LA INVESTIGACIÓN

Con el propósito de cumplir con cada fase se propuso utilizar en la metodología, ciertas herramientas para el análisis de la situación actual y técnicas que permitan elaborar modelos gráficos del sistema de estudio, establecidos en los datos obtenidos a través de las entrevistas, observaciones y documentación bibliográfica. Entre las técnicas de análisis de datos que se aplicaron se encuentran; el uso del Diagrama de Ishikawa y el Diagrama de Pareto, los cuales comprenden una relación causa efecto del problema planteado y las afecciones que puede contener el proceso evaluado; método de evaluación ergonómica, un sistema de análisis para estimar el riesgo de padecer desordenes corporales relacionados con el trabajo, esto es Método REBA. Eliminación Sistémica de Desperdicios (ESIDE), metodología con un enfoque sistémico para la eliminación o minimización de toda forma de desperdicio presente en cualquier unidad organizacional.

### 3.5. FASES DE LA INVESTIGACIÓN

### 3.5.1. Fase I. Descripción de la Situación Actual

En esta fase se hizo una descripción de la situación actual causante de los desperdicios presentes en el proceso de molienda de minerales no metálicos de la empresa Corporación American Mineral, C.A., a través de una investigación descriptiva que permitió conocer los métodos usados actualmente, mediante herramientas de recolección de datos como observación directa, entrevistas no estructuradas a los trabajadores y jefes de las áreas relacionadas a la molienda  de minerales no metálicos, con el objeto de identificar las causas que originan los desperdicios.

### 3.5.2. Fase II. Análisis de las causas detectadas en el diagnóstico

Una vez identificadas las causas que generan los desperdicios en el proceso de molienda de minerales no metálicos de la empresa CAM C.A., se procedió a analizarlos a través de técnicas como la Eliminación Sistémica de Desperdicios (ESIDE), análisis REBA, entre otras, con el objeto de plantear las acciones de mejoras correspondientes.

### 3.5.3. Fase III. Propuestas de mejoras

Una vez realizado el análisis y planteado las mejoras correspondientes, se procedió al desarrollo de propuestas, con la finalidad de generar alternativas que brinden solución a la problemática presente en el proceso de molienda de minerales no metálicos de la empresa CAM C.A.

### 3.5.4. Fase IV. Evaluación de las propuestas de mejoras

En esta fase se tomaron en consideración todos los costos operacionales, materiales y técnicos presentes en la propuesta elaborada, con la finalidad de compararlos con los beneficios tangibles e intangibles que ésta genere; para luego determinar el impacto económico de las propuestas y el tiempo de retorno de la inversión realizada.

**CAPÍTULO IV**

## 4. DIAGNÓSTICO DE LA SITUACIÓN ACTUAL

En éste capítulo se da a conocer toda la información referente a la empresa Corporación American Minerals C.A., su ubicación, historia, misión y visión, así como también la descripción del producto que se fabrica en la misma, los materiales e insumos que se utilizan durante el proceso de producción, los equipos y herramientas que forman parte de dicho proceso, el área de trabajo y la descripción del proceso de producción.

### 4.1. DESCRIPCIÓN DE LA SITUACIÓN ACTUAL

#### 4.1.1. Descripción General de la Empresa

CAM CORPORACIÓN AMERICAN MINERALS C.A; es una empresa que se dedica y especializa en el procesamiento, molienda y esterilización de minerales no metálicos, abasteciendo durante 18 años ininterrumpidos a más de 85 clientes en el territorio nacional y otros 40 a nivel continental, lo que acredita su sólida presencia en los mercados de suministros de materia prima indispensables en las empresas pertenecientes a los sectores:

- Cosmético
- Pinturas y sus derivados
- Químico
- Plásticos
- Farmacéutico
- Masilla
- Papelero
- Cerámicas

CAM C.A utiliza en sus procesos de fabricación, materiales de procura de primera calidad y posee una tecnología de vanguardia en técnicas de molienda, micro pulverización, clasificación de partículas y esterilización microbiológica.

Dentro de una extensión de 10.000 $m^2$, techada en más de un 80% y habilitada en galpones industriales debidamente organizados, CAM C.A cuenta con cuatro (4) modernas líneas de proceso independientes, para una capacidad global de producción instalada de 46.200 Toneladas Métricas por año, asistidos internamente por laboratorios calificados de fisicoquímica y de microbiología, pertenecientes directamente a la organización de planta. La ubicación de la empresa en el principal Puerto del país, le permite cubrir con rapidez sus exportaciones.

Para CAM es de gran importancia mantener una alta aceptación por parte de sus clientes, satisfaciendo sus necesidades y especificaciones y de esta manera mantenerse en el mercado con un alto nivel de competitividad, pero para lograr estos objetivos la organización es consciente de la necesidad de lograr la total participación y compromiso de sus empleados, motivándolos a través de 5 pilares que conforman la base de los valores de la empresa, como son:

**ÉTICA:** Honestidad, Honradez y Respeto rigen nuestras actuaciones.

**TRABAJO EN EQUIPO**: Unidos potenciamos nuestras habilidades para alcanzar el éxito común.

**LOGRO:** Alcanzamos los objetivos hasta el final y las dificultades nos hacen crecer.

**SERVICIO AL CLIENTE:** Ofrecemos soluciones a nuestros clientes para superar sus expectativas.

**COMPROMISO SOCIAL Y AMBIENTAL:** Dar más de lo esperado a los trabajadores, clientes, relacionados y al entorno.

A continuación se muestra en la **Figura 1**, la estructura del organigrama funcional de la empresa CAM, C.A.:

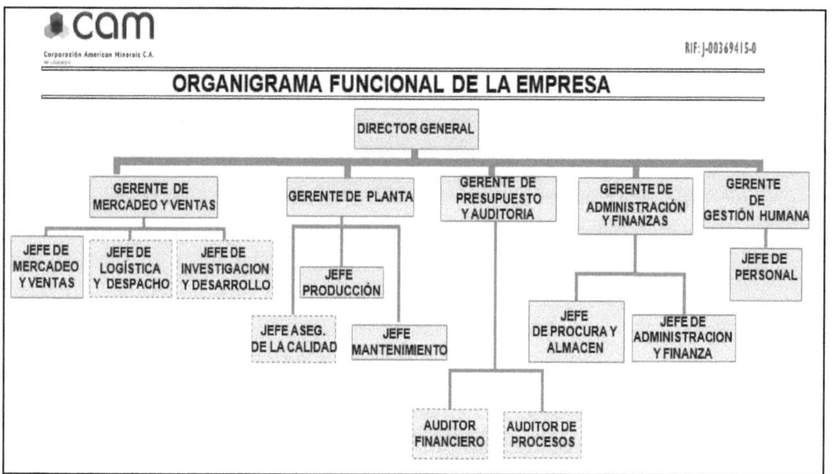


**Figura 1:** Organigrama Funcional de la empresa CAM, C.A. Fuente: Corporación American Minerals CAM C.A.

### 4.1.2. Historia

Key venezolana de talcos constituida en 1983 forma parte de un holding de empresas venezolanas: Key  Transcripción C.A., Microfichas Venezolana C.A., Key Chemical C.A., Proveduria Universal C.A y Key Venezolana de Minas C.A.

El grupo inicia sus actividades en el país en 1978 para prestar servicios de computación. En 1982 se crea la empresa Proveeduría Universal, suplidora de equipos y suministros de oficina, que luego en 1985 se fusiona con la empresa Microfichas Venezolanas. En 1983 la organización expande sus actividades con la comercialización de talco procesado al obtener la representación exclusiva de una de las más importantes suplidoras brasileñas, logrando convertirse en una de las fuentes de suministro Nacional de la industria farmacéutica, de cosméticos ,de pintura de plástico ,etc.

En 1984 el grupo inicia sus actividades en el área Industrial con la instalación de la planta para producir talco, en su primera etapa dirigida a la fabricación de talco cosmético y farmacéutico.

Se realizó un cambio de acciones a partir del primero de enero de 1992, comprado con el Banco Caracas y quedando la otra parte por los antiguos accionistas, en la negociación se propuso el nombre de Corporación American Minerals C.A., el cual fue aceptado.

Estratégicamente situado en Puerto Cabello, Zona Norte- Centro de Venezuela y ubicada en la Zona Industrial de Santa Rosa galpones ,16 y 17 Urbanización Santa Cruz, a pocos minutos del primer Puerto marítimo del país.

### 4.1.3. Ubicación

CAM, Corporación American Minerals C.A., se encuentra ubicada en la zona Industrial Santa Rosa, Galpones B-16 y B-17, vía Goaigoaza, Puerto Cabello, Edo. Carabobo. Venezuela. En la **Figura 2** se muestra una vista de la ubicación.

Figura 2: Vistas satelital de CAM Corporación American Minerals C.A.

### 4.1.4. Misión

"Entendiendo los requerimientos de nuestros clientes, satisfacemos sus necesidades de Minerales No Metálicos, con oportunidad, gestión de conocimientos y excelente calidad".

### 4.1.5. Visión

"Ser líderes en Venezuela, para el 2015,  en el suministro de productos Minerales No Metálicos Especializados, con presencia importante en Centro América, el Caribe y la Costa Pacífica de Suramérica".

### 4.1.6. Descripción General del Proceso de Producción

Todas las actividades en CAM C.A., se rigen por una serie de normas y procedimientos establecidos por parte del equipo de logística de la organización, con la finalidad de lograr que fluya la información claramente durante el proceso. A continuación, en la **Figura 3** y **Figura 4** se presentan los diagrama de procesos de los productos estudiados en este trabajo, con la finalidad de dar a conocer gráficamente los pasos que se llevan a cabo en el proceso de transformación de minerales no metálicos, identificándolos mediante símbolos de acuerdo con su naturaleza; incluye, además, toda la información que se considera necesaria para el análisis, estas se conocen bajo los términos de operaciones, transportes, inspecciones, retrasos o demoras y almacenajes.

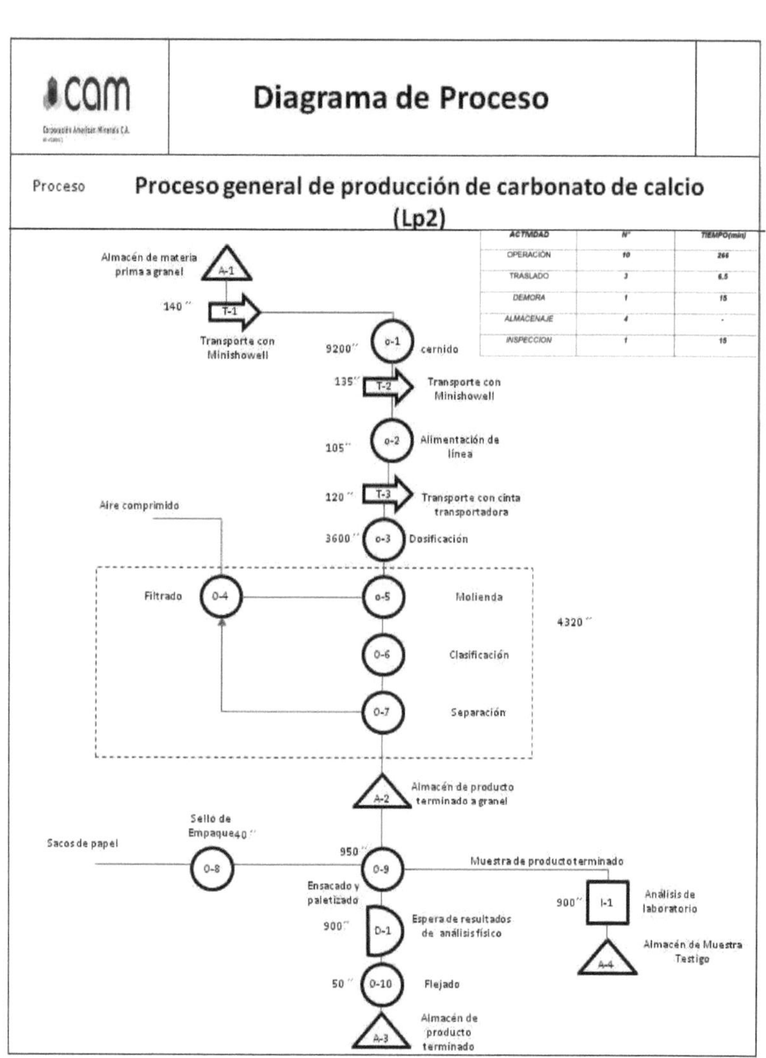


| ACTIVIDAD | N° | TIEMPO(min) |
|---|---|---|
| OPERACIÓN | 10 | 266 |
| TRASLADO | 3 | 6.5 |
| DEMORA | 1 | 15 |
| ALMACENAJE | 4 | - |
| INSPECCION | 1 | 15 |

**Figura 3:** Diagrama de proceso de transformación de minerales no metálicos.

56

<table>
<tr><td>Organización:</td><td>CAM CORACION AMERICAN MINERALS C.A</td></tr>
<tr><td>Sistema de estudio:</td><td>PROCESAMIENTO DE TALCO ESTERELIZADO LINEA LP2</td></tr>
<tr><td>Realizado por:</td><td>JOSE MIJARES Y ANTHONY GUANIPA</td></tr>
<tr><td>Fecha:</td><td>18/10/2016</td></tr>
<tr><td>Página:</td><td>1 /1</td></tr>
</table>

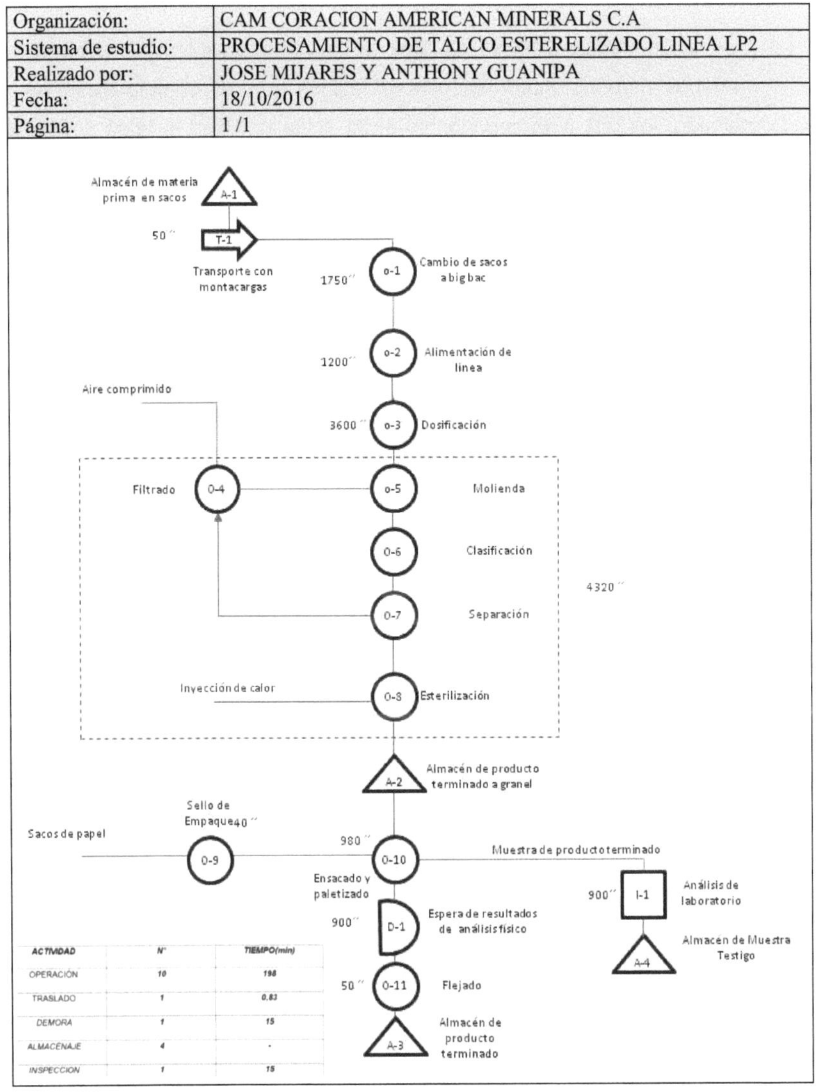


**Figura 4**: Diagrama general del proceso de producción de talco esterilizado.
Fuente: Corporación American Minerals, C.A.

La empresa CAM se encarga de la transformación de minerales no metálicos para obtener diferentes productos que se comercializan en el mercado, los dos más importantes en la actualidad son el talco (industrial, cosmético y micronizado) y el carbonato (calcio y dolomítico), ambos provenientes de la línea que actualmente se está estudiando, la línea LP2. Las diferentes etapas que conforman el proceso de molienda para la elaboración de estos productos se presentan a continuación:

Se cuenta con 3 Operadores de molino y 15 operadores de planta para realizar el proceso, el cual comienza en el área de almacenaje donde se ejecuta la búsqueda de materia prima, cabe destacar que CAM cuenta con dos áreas de éste tipo, esto se debe a que trabaja con dos componentes principales como materia prima, los cuales vienen en presentaciones diferentes y por ello deben estar separados. Uno de ellos es el Silicato de Magnesio (Componente para la fabricación del talco), proveniente de clientes nacionales para la realización de molienda y esterilización, anteriormente se obtenía esta materia prima en piedras, pero en la actualidad se trabaja con material ya molido (polvo), ésta llega a través de camiones en sacos de 25 Kg o en Big Bag con capacidad de 900 a 1500 Kg. El segundo componente es la Dolomita y la Caliza, de los cuales se obtiene el carbonato de calcio. Éstos vienen a granel del interior del país y llegan en camiones que descargan la materia en el área de almacenaje donde actualmente se pudo apreciar espacio sub-utilizado y poca clasificación del  espacio de almacén.

En caso de producir Carbonato de Calcio, luego  de tomar la materia prima, se realiza la actividad de cernido en donde el operario a cargo del minishowell coloca una palada cada 38 min encima del cernidor, éste es el tiempo que tarda el cernidor procesando cada palada. En esta etapa del proceso se encuentra un nodo crítico ya que se debe realizar esta actividad tres (3) veces por unidad de producto terminado obtenido, sin olvidar el tiempo de procesamiento para el cernido de cada pala antes mencionado. Luego de esto se realiza el vaciado (alimentación) en la cinta trasportadora de la línea, aquí el operario debe bajarse del equipo cada vez que suministra una palada para limpiar manualmente la rejilla dispuesta en la boca de alimentación para no permitir el paso de piedras más grandes de lo permitido por el molido, el tipo de piedra es catalogado como piedra número uno (1 pulg como máximo). El Área de Procesamiento está conformada por una serie de actividades: Almacén Temporal (tolva alimentación de cámara de molienda), Molienda, Clasificación, Separación, Esterilización y el Almacenaje a granel de Producto Terminado. Cada una de estas operaciones, diferentes entre sí, están conectadas y mecanizadas en su totalidad. Seguidamente, estas piedras trituradas son enviadas a través de bandas transportadoras hacia la tolva de alimentación, hay que destacar que en el caso de procesamiento de talco, a diferencia del Carbonato, la materia prima se encuentra en sacos y es descargada manualmente, se descarga cada saco en un Big Bag que luego es elevado a través de un sistema de polipasto y suministrado aproximadamente a 62.5 Kg/m durante todo el proceso a una tolva de alimentación que obliga al operador a estar en el área durante todo el proceso.

Luego de esto comienza el proceso de molienda en el molino de péndulos, llevando el material a una granulometría conforme a los requerimientos y seguidamente se clasifica (Clasificador): en esta  etapa se envía el producto  a la siguiente fase a través de un sistema de aire que de igual forma hace circular nuevamente el material que no cumple con la granulometría por el molino hasta que sea reducido en su totalidad. Seguidamente, se separa el material molido de la masa de aire suministrada a través de un ciclón para ser enviada al silo de esterilización. Cabe destacar que las partículas de polvo con granulometría inferior a lo requerido que fueron extraídas junto al flujo de aire en el ciclón, son enviadas al filtro de mangas, donde son acumuladas en mangas filtrantes  y por medio de la inyección de aire comprimido son sacudidas en intervalos de tiempo de 30 segundos. Este material es enviado al silo de esterilización con el resto del producto, es aquí, en el silo de esterilización, donde en el caso que se esté procesando talco se obtendrá un producto libre de agentes contaminante por medio de la incorporación de calor a través de la caldera de la línea hasta llegar a la temperatura de esterilización establecida. Hay que mencionar que en el caso de procesar Carbonato el producto solo pasa por el silo de esterilización pero no se inyecta el calor andes descrito. Finalmente, este producto es enviado a la tolva de almacenamiento temporal a través de un sistema de tornillos sin fin.

En este punto comienza la participación directa del operario con el proceso de ensacado y paletizado, quien antes de llenar los sacos, debe asegurarse de que éstos estén identificados con sello impreso en un proceso previo, el cual contiene el número de lote e información del producto, esta actividad la hace manual colocando el sello a cada saco vacío. Luego de tener un número requerido de sacos identificados, comienza el proceso de llenado, donde el operario toma un saco y lo coloca justo en la boca de la ensacadora, lo ajusta y éste se llena de producto. Esta máquina llenadora funciona con un sistema neumático o de inyección de aire, trabaja con electroválvulas y posee una capacidad de 1,3 Ton/h. Para saber el peso exacto se usa un sistema de balancín donde los operarios deben ir graduando el peso hasta conseguir el deseado, una vez graduado el balancín, pueden realizar el llenado de todos los sacos. Pasando al pesado de sacos individuales, este proceso consiste en el pasado de los sacos en una balanza que se encuentra cerca del operario, una vez que se llena un saco el operario lo toma y chequea su peso para saber si este posee el adecuado, el cual es de 25,35 Kg aproximadamente, esta balanza le permite saber si el balancín que tiene la máquina de ensacado aún se mantiene graduado o si es necesario ajustarlo de nuevo.

Luego de pesar cada saco, el operario los lleva hacia el área de paletizado en donde, efectuando posturas de torsión de tronco, comienza a colocarlos en la paleta hasta armarla, esta pesará aproximadamente 1300 Kg, cada paleta contiene 50 sacos. En promedio, el peso neto de la paleta está entre 18 Kg y 37 Kg, dependiendo del tipo de madera. Hay que resaltar que en la actualidad hay tres (3) operadores que fueron asignados a labores administrativas por lesiones distintas en la columna relacionadas a las actividades ejecutadas de forma manual, principalmente a la operación de paletizado antes descrita.

El operador encargado va tomando muestras aleatorias de los sacos ya posicionados y las almacena en un recipiente para finalmente formar la muestra testigo de 200 g, ésta es llevada al laboratorio de aseguramiento de calidad donde es entregada al analista de turno quien le realiza los análisis físicos, químicos y microbiológicos correspondientes y determina si el producto cumple con las especificaciones requeridas para su comercialización. En este punto se realiza el pesado de toda la paleta de producto terminado, esta operación se realiza con la ayuda de un montacargas. El operario toma el montacargas y con él lleva la paleta a la balanza electromecánica y registra el peso en el reporte de pesado para que se pueda elaborar la respectiva hoja de identificación.

Conforme se recibe el resultado de inspección física en estado aprobado se procede a flejar el producto, ésta actividad se debe realizar luego que el Departamento de Aseguramiento de la Calidad emite el resultado de aprobado ya que ésta será la prueba de que el producto cumple con las especificaciones de calidad. En este momento el operador del montacargas lleva la paleta a la unidad de plastificado semiautomática donde, haciendo girar la paleta, se le coloca un envoltorio de papel adherente industrial.

El almacenamiento de este producto es realizado por el operador de montacargas encargado, el cual coloca en el área destinada las paletas por filas y en rumas de tres (3) niveles como máximo.

## 4.2. ANÁLISIS DE LA SITUACIÓN ACTUAL

La línea de producción en estudio (LP2) presenta una variedad de causas que generan el incumplimiento de la producción deseada por la empresa CAM C.A., trayendo como consecuencia que la organización no pueda cumplir  de forma eficiente con las exigencias del mercado y con sus objetivos internos.

### 4.2.1. Metodología ESIDE

A continuación, se realizó el estudio de la línea de procesamiento antes mencionada aplicando la metodología ESIDE, con todas sus actividades hasta la operación de paletizado, definiéndolas como un solo sistema y no fraccionarlo en subsistemas ya que de esa forma se estaría excluyendo situaciones que ameritan mejoras y disminuiría el impacto de este Trabajo Especial de Grado sobre los problemas en la línea.

En este sentido, el proceso de molienda de minerales no metálicos fue evaluado utilizando tres indicadores de gestión, estos indicadores son: volumen de producción, condiciones disergonómicos y tiempo improductivo, los cuales fueron diseñados por los investigadores con el fin de evaluar las condiciones actuales que afectan directamente a la productividad tales como los métodos de trabajo, rendimiento de los equipos, fatiga en los trabajadores y paradas de la línea, y del mismo modo poder determinar el desempeño teórico de las propuestas de mejoras desarrolladas. Para la evaluación se recolectó información  que permite medir dichos indicadores. A continuación se presenta información detallada al respecto.

**Volumen de producción:** es la relación entre el producto obtenido y el tiempo empleado para la producción de cierta cantidad. En este caso, se consideran los tiempos invertidos en las operaciones de búsqueda de materia prima, cernido, alimentación, ensacado y paletizado, y el proceso de molienda realizado por la línea LP2.

$$Volumen\ de\ Produccion = \frac{Poduccion\ obtenida\ (kg)}{Tiempo\ consumido\ (\min)}$$

**Condiciones disergonómicas**: es el nivel de riesgo al que se encuentra sometido un operario al momento de ejecutar una actividad. Cabe destacar que entre más extremidades del cuerpo involucre una tarea, conjuntamente con la repetitividad y el peso que levante durante su ejecución, mayor es el nivel de riesgo de fatiga y contraer lesiones para el trabajador.

Para esta evaluación se tomó en cuenta solo las actividades que a simple vista presentan posiciones disergonómicas considerables que pueden afectar el rendimiento del operador y representa un riesgo laboral. Mientras mayor sea el orden de los movimientos, mayor es la cantidad de músculos y partes del cuerpo utilizadas, por ende habrá mayor tendencia al cansancio y a la fatiga. Los  movimientos de quinto orden, también llamados movimientos de Orden Superior deben evitarse cuando el trabajo es repetitivo.

**Tiempo de preparación:** Son aquellos tiempos que se necesitan para disponer adecuadamente de los recursos y de los elementos que van a efectuar una operación.

Para este indicador se tomó en cuenta los tiempos de preparación tales como la limpieza de la cámara de molienda y la limpieza de los elementos del sistema en general, además los tiempos invertidos en la carga y descarga de material.

Considerando la información suministrada por el departamento de producción, además de los datos obtenidos a través de la observación del proceso y de los trabajadores en sus puestos de trabajo, se puede  asignar valores a cada uno de los indicadores de gestión anteriormente mencionados para el área de estudio.

### Evaluación de los indicadores en el sistema de estudio:

**Volumen de producción:** la unidad base producida en la línea de proceso LP2  es 1 paleta de producto terminado el cual contiene 50 sacos de carbonato de calcio o talco según sea el caso, con un peso neto de 1250 kg y 1000 kg. Además, los tiempos de procesamiento de estas cantidades basados en las actividades críticas son 115 min (cernido) para la producción de carbonato de calcio y 72 min (molienda, filtrado ,clasificación, separación y esterilización) para la producción de talco. Cabe destacar que para la valoración del indicador se tomara el valor crítico de los volúmenes presentados a continuación.

$$Volumen\ de\ Produccion\ 1 = \frac{1250\ kg}{115\ min} = 10{,}86\ kg/min$$

$$Volumen\ de\ Produccion\ 2 = \frac{1250\ kg}{72\ min} = 17{,}36\ kg/m$$

*Volumen de Producción 1*: Volumen en la producción de carbonato de calcio

*Volumen de producción 2*: Volumen en la producción de talco.

**Condiciones disergonómicas:** En el proceso de producción de carbonato de calcio y talco se tiene inmersa la actividad de paletizado en esta área labora 1 operario, cuya función es cargar los sacos de producto de 25 Kg o 20 Kg según sea el caso, y colocarlos en la paleta ubicada a 1 metro. La producción requiere 50 sacos de producto terminado por paleta de los cuales los primeros 30 sacos son paletizados con movimientos de dorso – flexión, considerando también que el operador repite estos movimientos 90 veces durante las cuatro horas asignadas en esta actividad. Para determinar el valor actual de este indicador se desarrollo el siguiente método.

### Método REBA

El método permite el análisis conjunto de las posiciones adoptadas por los miembros superiores del cuerpo (brazo, antebrazo, muñeca), del tronco, del cuello y de las piernas. Si se adoptan posturas inadecuadas de forma continua o repetida en el trabajo se genera fatiga y, a la larga, pueden ocasionarse problemas de salud. Uno de los factores de riesgo más comúnmente asociados a la aparición de trastornos de tipo músculo-esqueléticos es precisamente la excesiva **carga postural**. Así pues, la evaluación de la carga postural o carga estática, y su reducción en caso de ser necesario, es una de las medidas fundamentales a adoptar en la mejora de puestos de trabajo.

En la presente investigación se utilizó el método REBA con la finalidad de realizar un análisis postural, entendiendo que este método es especialmente sensible con las tareas que conllevan cambios inesperados de postura, como consecuencia normalmente de la manipulación de cargas inestables o impredecibles. Al realizar este estudio se pudo tener un diagnóstico preciso, permitiendo al evaluador estar informado sobre el riesgo que corren los operarios de contraer lesiones asociadas a una postura, principalmente de tipo músculo-esquelético y brindando recomendaciones pertinentes a la organización con el objeto de mejorar la calidad laboral de los operarios e indicando, en cada caso, la urgencia con que se deberían aplicar acciones correctivas.

Las actividades que realizan los operarios presentes en el área de ensacado y paletizado de la empresa CAM C.A., son altamente riesgosas para su salud laboral, ya que existen posturas inadecuadas, levantamientos de peso que se encuentran por el orden de los 25 kg aproximadamente sin la ayuda de herramientas que permitan realizar la actividad sin tanto esfuerzo físico. Además, los movimientos realizados en dichas áreas presentan un alto nivel de repetitividad durante la jornada laboral,  por lo que es de suma importancia realizar un estudio a las diferentes posturas con el fin de identificar posibles riesgos de lesiones y prevenir problemas disergonómicos.

Este método divide las articulaciones del cuerpo en dos grupos, el **Grupo A** que incluye las piernas, el tronco y el cuello y el **Grupo B**, que comprende los miembros superiores (brazos, antebrazos y muñecas). Mediante las tablas asociadas al método, se asigna una puntuación a cada zona corporal (piernas, muñecas, brazos, tronco...)

para, en función de dichas puntuaciones, asignar valores globales a cada uno de los grupos A y B.

El **Grupo A** tiene un total de 60 combinaciones posturales para el tronco, cuello y piernas. La puntuación obtenida de la tabla A estará comprendida entre 1 y 9; a este valor se le debe añadir la puntuación resultante de la carga/ fuerza cuyo rango está entre 0 y 3.

El **Grupo B** tiene un total de 36 combinaciones posturales para la parte superior del brazo, parte inferior del brazo y muñecas, la puntuación final de este grupo, tal como se recoge en la tabla B, está entre 0 y 9; a este resultado se le debe añadir el obtenido de la tabla de agarre, es decir, de 0 a 3 puntos.

Los resultados A y B se combinan en la Tabla C para dar un total de 144 posibles combinaciones, y finalmente se añade el resultado de la actividad para dar el resultado final REBA que indicará el nivel de riesgo y el nivel de acción.

La puntuación que hace referencia a la actividad (+1) se añade cuando:
> Una o más partes del cuerpo permanecen estáticas: por ejemplo, sostenidas durante más de 1 minuto.
> Repeticiones cortas de una tarea: por ejemplo, más de cuatro (4) veces por minuto (no se incluye el caminar).
> Acciones que causen grandes y rápidos cambios posturales.
> Cuando la postura sea inestable.

**Evaluación de posturas en el área de ensacado-paletizado**

Se aplica el método en los procesos de ensacado y paletizado, ya que en esta área se realizan actividades en las que participa directamente el operario. La línea en estudio (LP2) cuenta con operaciones que, en su mayoría, son semi-automáticas, pero en el caso de las actividades que se realizan en el área seleccionada, estas son completamente manuales. Ambos procesos (ensacado y paletizado) se encuentran en la misma área. Se analizan las actividades que involucran los miembros de cada Grupo (A y B). Asimismo, se observan los factores de carga y fatiga que pueden encontrarse al momento de realizar el trabajo.

**Aplicación del método REBA al proceso de ensacado-paletizado:**

Para aplicar los pasos de la metodología en cada una de las posturas adoptadas por los operarios es necesario observar todos los movimientos que éste realiza al momento de ejecutar sus actividades.

Las actividades que el operario realiza en el área son las siguientes:

➢ Sellar los sacos.

➢ Colocar el saco en la ensacadora para iniciar el llenado del mismo.

➢ Levantar el saco.

➢ Chequear el peso del saco colocándolo en la balanza.

➢ Colocar el saco en la paleta.

- **Actividad 1:** Sellar los sacos (Figura 5).

**Figura 5:** Proceso de sellado de sacos multipliegos.

- **Análisis de los movimientos del Grupo A:** tronco, cuello y piernas (**Tabla 1**).

**Tabla 1**: *Análisis de los movimientos del cuerpo del grupo A: Cuello, tronco y piernas.*

| TRONCO | | |
|---|---|---|
| **Movimientos** | **Puntuación** | **Corrección** |
| Erguido | 1 | Se suma (+1) punto por rotación del tronco. |
| **CUELLO** | | |
| **Movimientos** | **Puntuación** | **Corrección** |
| Flexión > 20º | 2 | Se suma (+1) punto por rotación del cuello. |
| **PIERNAS** | | |
| **Movimientos** | **Puntuación** | **Corrección** |
| De pie con soporte bilateral simétrico. | 1 | Se suma (+1) punto por flexión de una o ambas rodillas entre 30 y 60°. |

**Puntuaciones de los miembros que conforman el Grupo A:**

✓ **Tronco:** 2 puntos.

✓ **Cuello:** 3 puntos.

✓ **Piernas:** 2 puntos.

- **Análisis de los movimientos del Grupo B:** brazos, antebrazos y muñecas (**Tabla 2**).

**Tabla 2:** *Análisis de los movimientos del grupo B: brazos, antebrazos y muñecas.*

| BRAZOS | | |
|---|---|---|
| **Movimientos** | **Puntuación** | **Corrección** |
| Desde 20° de extensión a 20° de flexión | 1 | Se suma (+1) punto por brazo abducido. |
| ANTEBRAZOS | | |
| **Movimientos** | **Puntuación** | **Corrección** |
| Flexión entre 60° y 100° | 1 | No aplica. |
| MUÑECAS | | |
| **Movimientos** | **Puntuación** | **Corrección** |
| Flexión o extensión > 0° y <15° | 1 | Se suma (+1) punto por rotación. |

**Puntuaciones de los miembros que conforman el Grupo B:**

- ✓ **Brazos:** 2 puntos.

- ✓ **Antebrazos:** 1 punto.

- ✓ **Muñecas:** 2 puntos.

- **Puntuación de los Grupos A y B:**

Obtenidas las puntuaciones de cada uno de los miembros que conforman los Grupos A y B se calculará las puntuaciones globales de cada grupo. Para obtener la puntuación del Grupo A se empleará la **Tabla 3**, mientras que para la del Grupo B se utilizará la **Tabla 4**.

. **Tabla 3:** *Puntuación del grupo A.*

| CUELLO | PIERNAS | TRONCO | | | | |
|---|---|---|---|---|---|---|
| | | 1 | **2** | 3 | 4 | 5 |
| 1 | 1 | 1 | 2 | 2 | 3 | 4 |
| | 2 | 2 | 3 | 4 | 5 | 6 |
| | 3 | 3 | 4 | 5 | 6 | 7 |
| | 4 | 4 | 5 | 6 | 7 | 8 |
| 2 | 1 | 1 | 3 | 4 | 5 | 6 |
| | 2 | 2 | 4 | 5 | 6 | 7 |
| | 3 | 3 | 5 | 6 | 7 | 8 |
| | 4 | 4 | 6 | 7 | 8 | 9 |
| **3** | 1 | 3 | 4 | 5 | 6 | 7 |
| | **2** | 3 | **5** | 6 | 7 | 8 |
| | 3 | 5 | 6 | 7 | 8 | 9 |
| | 4 | 6 | 7 | 8 | 9 | 9 |

**Puntuación del Grupo A:** 5 puntos.

**Tabla 4:** *Puntuación del grupo B.*

| | | BRAZOS | | | | | |
|---|---|---|---|---|---|---|---|
| ANTEBRAZOS | MUÑECAS | 1 | 2 | 3 | 4 | 5 | 6 |
| **1** | 1 | 1 | 1 | 3 | 4 | 6 | 7 |
| | 2 | 2 | 2 | 3 | 5 | 7 | 8 |
| | 3 | 2 | 3 | 4 | 5 | 8 | 8 |
| 2 | 1 | 1 | 2 | 5 | 5 | 7 | 8 |
| | 2 | 2 | 3 | 4 | 6 | 8 | 9 |
| | 3 | 3 | 4 | 5 | 7 | 8 | 9 |

**Puntuación del Grupo B:** 2 puntos.

- **Puntuaciones parciales**

Las puntuaciones globales de los Grupos A y B consideran la postura del trabajador. A continuación se valorarán las **fuerzas ejercidas** durante su adopción para modificar la puntuación del **Grupo A**, y el **tipo de agarre** de objetos para modificar la puntuación del **Grupo B**.

**Fuerzas ejercidas**: la carga manejada o la fuerza aplicada modificarán la puntuación asignada al Grupo A (tronco, cuello y piernas), excepto si la carga no supera los 5 kilogramos de peso, caso en el que no se incrementará la puntuación. La **Tabla 5** muestra el incremento a aplicar en función del peso de la carga.

**Tabla 5:** *Incremento de puntuación del grupo A por carga o fuerzas ejercidas.*

| Carga o Fuerza | Puntuación | Corrección |
|---|---|---|
| < 5 kg | 0 | No hay movimientos bruscos |

**Puntuación A:** 5 puntos.

**Tipo de agarre**: la calidad del agarre de objetos con la mano aumentará la puntuación del Grupo B, excepto en el caso de que la calidad del agarre sea buena o no existan agarres. La **Tabla 6** muestra los incrementos a aplicar según la calidad del agarre.

**Tabla 6:** *Incremento de puntuación del grupo B por calidad de agarre.*

| Calidad de agarre | Descripción | Puntuación |
|---|---|---|
| **Bueno** | **El agarre es bueno y la fuerza de agarre de rango medio** | **0** |
| Aceptable | El agarre es aceptable pero no ideal o el agarre es aceptable utilizando otras partes del cuerpo | +1 |
| Pobre | El agarre es posible pero no aceptable | +2 |
| Inaceptable | El agarre es torpe e inseguro, no es posible el agarre manual o el agarre es inaceptable utilizando otras partes del cuerpo | +3 |

**Puntuación B:** 2 puntos.

**NOTA: para la actividad 1 que se está analizando, los Grupos A y B no sufrieron modificaciones.**

- **Puntuación Final**

Luego de realizar las modificaciones correspondientes a las puntuaciones de los Grupos A y B, se da lugar a la **Puntuación A** y a la **Puntuación B** respectivamente. A partir de estas dos puntuaciones, y empleando la **Tabla 7**, se obtendrá la **Puntuación C.**

**Tabla 7:** *Puntuación C.*

| | | Puntuación A | | | | | | | | | | | |
|---|---|---|---|---|---|---|---|---|---|---|---|---|---|
| | | 1 | 2 | 3 | 4 | **5** | 6 | 7 | 8 | 9 | 10 | 11 | 12 |
| Puntuación B | 1 | 1 | 1 | 2 | 3 | 4 | 6 | 7 | 8 | 9 | 10 | 11 | 12 |
| | **2** | 1 | 2 | 3 | 4 | **4** | 6 | 7 | 8 | 9 | 10 | 11 | 12 |
| | 3 | 1 | 2 | 3 | 4 | 4 | 6 | 7 | 8 | 9 | 10 | 11 | 12 |
| | 4 | 2 | 3 | 3 | 4 | 5 | 7 | 8 | 9 | 10 | 11 | 11 | 12 |
| | 5 | 3 | 4 | 4 | 5 | 6 | 8 | 9 | 10 | 10 | 11 | 12 | 12 |
| | 6 | 3 | 4 | 5 | 6 | 7 | 8 | 9 | 10 | 10 | 11 | 12 | 12 |
| | 7 | 4 | 5 | 6 | 7 | 8 | 9 | 9 | 10 | 11 | 11 | 12 | 12 |
| | 8 | 5 | 6 | 7 | 8 | 8 | 9 | 10 | 10 | 11 | 12 | 12 | 12 |
| | 9 | 6 | 6 | 7 | 8 | 9 | 10 | 10 | 10 | 11 | 12 | 12 | 12 |
| | 10 | 7 | 7 | 8 | 9 | 9 | 10 | 11 | 11 | 12 | 12 | 12 | 12 |
| | 11 | 7 | 7 | 8 | 9 | 9 | 10 | 11 | 11 | 12 | 12 | 12 | 12 |
| | 12 | 7 | 8 | 8 | 9 | 9 | 10 | 11 | 11 | 12 | 12 | 12 | 12 |

**Puntuación C:** 4 puntos.

Finalmente, para obtener la **Puntuación Final**, la **Puntuación C** recién obtenida se incrementará según el tipo de actividad muscular desarrollada en la tarea (**Tabla 8**).

**Tabla 8**: *Incremento de la Puntuación C por tipo de actividad muscular.*

| TIPO DE ACTIVIDAD MUSCULAR | |
| --- | --- |
| Una o más partes del cuerpo se mantienen Estáticas por más de 1 min. | (+1) |
| **Pequeños movimientos repetitivos hechos más de 4 veces por minuto.** | **(+1)** |
| Cambios rápidos de postura o postura inestable | (+1) |

**Puntuación C**: 5 puntos.


- **Nivel de actuación**

Obtenida la puntuación final, se proponen diferentes **Niveles de Actuación** sobre el puesto. Se clasifican las puntuaciones en 5 rangos de valores teniendo cada uno de ellos asociado un Nivel de Actuación. Cada Nivel establece un nivel de riesgo y recomienda una actuación sobre la postura evaluada, señalando en cada caso la urgencia de la intervención. La **Tabla 9** muestra los Niveles de Actuación según la puntuación final.

Tabla 9: Niveles de actuación según la puntuación final obtenida.

| Decisión REBA | | | | |
|---|---|---|---|---|
| **Puntuación del REBA** | **Nivel de Riesgo** | **Color de Riesgo** | | **Actuación** |
| 1 | INAPRECIABLE | VERDE | | No es necesaria actuación |
| (2-3) | BAJO | VERDE | | Puede ser necesaria la actuación. |
| **(4-7)** | **MEDIO** | **AMARILO** | | **Es necesaria la actuación.** |
| (8-10) | ALTO | ROJO | | Es necesaria la actuación cuanto antes. |
| (11-15) | MUY ALTO | ROJO + | | Es necesaria la actuación de inmediato. |

La puntuación final permite conocer el nivel de riesgo al que se expone el operario durante la ejecución de la actividad 1, es recomendable y necesaria la actuación en el área, plantear y aplicar cambios que permitan mejorar las posturas que adoptan los operarios durante su labor.

➢ **Actividad 2:** colocar el saco en la ensacadora para iniciar el llenado del mismo.

• **Puntuación Final**

Puntuación C: 13 puntos.

• **Nivel de actuación**

Con una puntuación REBA que oscila entre los valores (11-15), se puede observar un nivel de riesgo **muy alto** al cual se encuentra expuesto el operario que realiza la actividad 2; por ende, es necesaria la actuación de inmediato y tomar medidas y acciones que permitan mantener y resguardar la salud laboral y bienestar de los operarios que realizan estas actividades, a través del planteamiento y ejecución de cambios que permitan mejorar las posturas que se  adoptan al momento de laborar.

> **Actividad 3:** levantar el saco.

- **Puntuación Final**

Puntuación C: 13 puntos.

- **Nivel de actuación**

Con una puntuación REBA que se encuentra entre los valores (11-15), se puede observar un nivel de riesgo **muy alto** cuando se trata de la actividad 3; por ende, es necesaria la actuación de inmediato y tomar medidas y acciones que permitan mantener y resguardar la salud laboral y bienestar de los operarios.

> **Actividad 4:** Chequear el peso del saco colocándolo en la balanza.

- **Puntuación Final**

Puntuación C: 5 puntos.

- **Nivel de actuación**

La puntuación final permite conocer el nivel de riesgo al que se expone el operario durante la ejecución de la actividad 4, es recomendable y necesaria la actuación en el área, plantear y aplicar cambios que permitan mejorar las posturas que adoptan los operarios durante su labor.

➢ **Actividad 5:** colocar el saco en la paleta.

• **Puntuación Final**

Puntuación C: 13 puntos

• **Nivel de actuación**

En conclusión, se pudo realizar un análisis de las situaciones de riesgo que presenta el área de ensacado-paletizado, se logró estudiar por separado las posturas que adopta el operario en cada una de las actividades que éste debe realizar en el área. Por último, la actividad 5 arrojó un nivel de riesgo **muy alto**, al tener una puntuación REBA de 13 puntos, es necesaria la actuación de inmediata de la organización, planteando mejoras en cuanto a las posturas que deberían adoptarse para realizar estas actividades de manera que la salud laboral y bienestar de los operarios no estén en peligro.

Las evaluaciones realizadas a las actividades descritas anteriormente con el método REBA se muestran en el **Anexo N°3.**

**Tiempo de preparación:** se genera cuando se anuncia un cambio de materia prima. Se debe realizar limpieza de cámara de molienda, extrayendo todo el material molido que queda dentro de la estructura, este material normalmente queda adherido a las paredes de la cámara de molienda por efecto de la compactación producida por el calor emitido durante la molienda. Otros de los tiempos improductivos planificados y frecuentes es la

Inspección por mantenimiento a la cámara de molienda, donde el personal encargado revisa y ajusta la tornillería, y lubrica las partes mecánicas del molino. Por otra parte se toma en cuenta la actividad de alimentación de materia prima a través del sistema de polipasto y a través de la boca de alimentación de piedra con ayuda del minishowell. El tiempo promedio perdido por las causas descritas es de 2,9  horas/ día.

Para la estimación del valor objetivo de cada uno de los indicadores se buscó mejorar las condiciones en un 10% y en el caso de las condiciones disergonómicas se buscó llegar a las mejores de las condiciones de ergonomía según el Método REBA.  Ver **Tabla 10.**

**Tabla 10:** *Diagnóstico actual de los indicadores*

Organización:  CAM Corporación American Minerals
Sistema de estudio: Línea LP2
Realizado por: José Mijares y Anthony Guanipa
Fecha: 27/10/2016
Página: 1

| Indicadores de Gestión del Sistema | | | | |
|---|---|---|---|---|
| **Nombre** | **UM** | **VA** | **VM** | **PR** |
| Volumen de producción | Kg/min | 10,86 | 11,94 | 7 |
| Condiciones Disergonómicas. | Puntos | 13 | Bajo | 8 |
| Tiempo de preparación | Hr/Día | 2,9 | 2,6 | 9 |

**LEYENDA**

**UM**   Unidad de medida del indicador
**VA**   Valor actual del indicador
**VM**   Valor meta del indicador
**PR**   Peso relativo

## Descripción del sistema

A continuación, se presenta información relacionada con: el producto, cliente, materiales, proveedores, actividades, mano de obra, equipos y herramientas, infraestructura y espacio, esto con la finalidad de presentar con más claridad las condiciones actuales en la que se encuentra el sistema. Ver **Tabla 11.**

**Tabla 11**: *Descripción general del proceso en la línea LP2*

| Organización: | CAM CORACION AMERICAN MINERALS C.A |
|---|---|
| Sistema de estudio: | LINEA LP2 |
| Realizado por: | JOSE MIJARES Y ANTHONY GUANIPA |
| Fecha: | 18/10/2016 |
| Página: | 1 |

| Producto | Cliente |
|---|---|
| CARBONATO DE CALCIO Y TALCO ESTERELIZADO | LABORATORIO |

| MATERIALES | PROVEEDOR |
|---|---|
| PIEDRA DOLOMITA/CALIZA Y SILICATO DE MAGNESIO ,SACOS DE PAPEL ,PLÁSTICO POLIFILM | CANTERAS Y EMPRESAS NACIONALES |

**Actividades**

Búsqueda de MP → Cernido → Alimentación de línea → Alimentación de molino → Molienda → Clasificación → Separación (ciclón) → Filtrado → Esterilización → Almacén (silo) → Ensacado y paletizado → Pesado de PT → Plastificado → Almacén

| Mano de Obra | Equipos y Herramientas | Infraestructura /Espacio |
|---|---|---|
| 4 operarios | Ver (**Tabla 56**) | 3200 m$^2$ |

## DESCRIPCIÓN DEL PRODUCTO

El producto final que se obtiene luego del paletizado  es carbonato de calcio o talco esterilizado según sea el caso en presentación de 25 kg por saco a continuación se muestra en la **Tabla 12.**

**Tabla 12:** *Descripción del producto.*

| Producto | Característica | Imagen |
|---|---|---|
| Carbonato de calcio /talco esterilizado(individual) | Largo: 40 cm<br><br>Ancho: 10 cm<br><br>Alto: 60 cm | |
| Carbonato de calcio /talco esterilizado(paletizado) | Largo: 100 cm<br><br>Ancho: 120 cm<br><br>Alto: 100 cm | |

En la actualidad, la empresa CAM C.A. elabora distintos tipos de rubros para la comercialización los cuales, dependiendo de sus componentes y características, son procesados en diferentes líneas de producción. Las variadas aplicaciones de los productos elaborados en CAM contemplan para Talco, Carbonato de Calcio y Dolomítico, Dióxido de titanio, Caolines, Barita y Mica. A continuación, se presenta con más detalle la información de  los productos que se elaboran en la línea de procesamiento en estudio LP2:

- **TALCO**: producto de distintas granulometrías de color blanco y olor característico del talco, comercializado para el uso corporal (medicados) para bebes, cremas, compactos y polvos faciales, desodorantes, tabletas medicinales, aplicaciones farmacéuticas y en alimentos, pinturas emulsionadas (electrostáticas, anticorrosivas, marinas y de mantenimiento), esmalte y fondo automotriz, masillas, barniz y selladores de madera, tintas, jabón, hules, cauchos y gomas, pisos de vinil, polipropileno, poliuretano, fibra de vidrio, papel, aislantes eléctricos, polvos para extintores, cerámicas y refractarios, etc.

Las composiciones químicas de este producto varían y dependen del área donde es comercializado, las dos principales áreas son:

- ➤ **Área de Cosméticos (USP):** para esta área se utiliza Silicato de magnesio hidratado (talco) de alta pureza, con excelente blancura y que cumplen con las especificaciones USP, obtenidos a través de un proceso especial de molienda, posterior clasificación de partículas, y tratamiento térmico para su esterilización, logrando un perfil microbiológico que permite sean utilizados con magníficos resultados en las industrias farmacéuticas y de cosméticos. Los productos de talco que forman parte de esta área se producen bajo los siguientes códigos:

**CAM-1024:** Talco USP malla 200.

**CAM-1025:** Talco USP malla 200.

**CAM-1034:** Talco USP malla 325.

Para cada código se debe llevar un control detallado a través de la evaluación de diferentes variables, con la finalidad de garantizar la calidad del producto. En la **Tabla 13** se presentan las características que se evalúan y sus respectivas especificaciones.

**Tabla 13:** *Especificaciones Técnicas de Talcos Cosméticos.*

| CARACTERÍSTICAS | CÓDIGOS DE PRODUCTOS CAM | | |
|---|---|---|---|
| | 1024 | 1025 | 1034 |
| RETENCIÓN EN MALLA # 200, % | Máx. 0,50 | 0,50 a 3,50 | N/A |
| Retención en malla # 325, % | N/A | N/A | Máx. 0,50 |
| pH,   Dilución al 10 % | 9,00 $\pm$ 1,0 | 9,00 $\pm$ 1,0 | 9,00 $\pm$ 1,0 |
| Humedad, % | Máx. 0,15 | Máx. 0,15 | Máx. 0,15 |
| Densidad Aparente, g/cm$^3$ | 0,45 $\pm$ 0,05 | 0,52 $\pm$ 0,05 | 0,42 $\pm$ 0,05 |
| Pérdidas por Ignición, %* | Máx. 6,50 | Máx. 6,50 | Máx. 6,50 |
| Sustancias Solubles en Agua, %* | Máx. 0,10 | Máx. 0,10 | Máx. 0,10 |
| Sustancias Solubles en Ácido, %* | Máx. 2,0 | Máx. 2,0 | Máx. 2,0 |
| Hierro soluble en Agua* | Negativo | Negativo | Negativo |
| Blancura, % | Mín. 88,0 | Mín. 88,0 | Mín. 88,0 |
| Bacterias aerobias, UFC/g | < 100 * | < 100 * | < 100 * |
| Bacterias anaerobias, UFC/g | < 100 * | < 100 * | < 100 * |
| Mohos y Levaduras, UFC/g | < 100 * | < 100 * | < 100 * |
| S. aureus | Ausentes | Ausentes | Ausentes |
| P. aeruginosa | Ausentes | Ausentes | Ausentes |
| E. coli | Ausentes | Ausentes | Ausentes |
| Clostridium | Ausentes | Ausentes | Ausentes |
| Características Organolépticas | Aspecto Limpio y Olor Característico | Aspecto Limpio y Olor Característico | Aspecto Limpio y Olor Característico |

➢ **Área Industrial:** se emplea el Silicato de magnesio hidratado (talco) de diferentes purezas, con buena blancura, obtenidos a través de un proceso de molienda y posterior clasificación de partículas. Sus propiedades físico-químicas permiten su uso como carga y/o refuerzo en diversas aplicaciones industriales, como la fabricación de pinturas, plásticos, cauchos, resinas, cerámicas, masillas, entre otras. Los productos de talco que forman parte de esta área se producen bajo los siguientes códigos:

**CAM-2025:** Talco malla 200.

**CAM-2032:** Talco malla 325.

Las características y especificaciones que se evalúan para garantizar la calidad de los productos que se fabrican dependiendo de los códigos, se presentan en la **Tabla 14.**

**Tabla 14:** *Especificaciones Técnicas de Talcos Industriales*

| CARACTERÍSTICAS | CÓDIGO DE PRODUCTOS | |
|---|---|---|
| | CAM 2025 | CAM 2032 |
| RETENCIÓN EN MALLA # 200 % | Máx. 3,50 | N/A |
| Retención en malla # 325 % | N/A | Máx. 0,50 |
| pH, Dilución al 10 %* | $9,00 \pm 1,0$ | $9,00 \pm 1,0$ |
| Humedad, % | Máx. 0,50 | Máx. 0,50 |
| Densidad Aparente, g/cm$^3$ | $0,50 \pm 0,10$ | $0,35 \pm 0,05$ |
| Pérdidas por Ignición, %* | Máx. 6,50 | Máx. 6,50 |
| Sustancias Solubles en Agua, %* | Máx. 0,50 | Máx. 0,50 |
| Absorción de Aceite, % | $32,0 \pm 3,0$ | $40,0 \pm 5,0$ |
| Blancura, % | Mín. 88,0 | Mín. 85,0 |

- **CARBONATOS**: Producto de distintas granulometrías de color Blanco-Gris y sin olor, usado frecuentemente para pinturas, PVC, gomas, plásticos, cauchos, mastique, masillas, fertilizantes, papel, aislantes eléctricos, pegamentos para baldosas, cerámicas y refractarios, detergentes, entre otros. A continuación se presentan las composiciones químicas del carbonato de calcio y dolomítico:

  - **Calcita:** Es el mineral de donde se obtiene mayormente el carbonato de calcio de alta pureza, empleado en infinidad de procesos industriales en sectores tan variados como construcción, agricultura, alimentos, farmacia, plásticos y cauchos, cerámicas, entre otros. Los productos que contienen este mineral presentan el siguiente código:

**CAM-4442:** Carbonato de calcio blanco malla 325.

➢ **Dolomita:** Es un mineral de la familia de los carbonatos de calcio, que se distingue por un alto contenido de Magnesio. Es de extracción nacional, y se emplea en muchos sectores donde tradicionalmente se requiere carbonato de calcio, aunque es particularmente requerido en procesos de explotación petrolífera precisamente por la presencia de Magnesio en su composición. Los productos que contienen este mineral presentan el siguiente código:

**CAM-4642:** Carbonato dolomítico malla 200 y malla 400.

A continuación, en la **Tabla 15** se presenta un resumen de las características y especificaciones que se toman en cuenta para la fabricación de los carbonatos (calcio y dolomítico).

**Tabla 15**: *Especificaciones técnicas de Carbonatos*

| CARACTERÍSTICAS | CÓDIGOS DE PRODUCTOS | |
| --- | --- | --- |
| | 4442(CALCIO) | 4642(DOLOMITICO) |
| RETENCIÓN EN MALLA # 400 % | Máx 1,50 | Máx. 1,50 |
| Retención en malla # 325 % | N/A | N/A |
| pH, Dilución al 10 % | $9,00 \pm 1,00$ | $9,00 \pm 1,00$ |
| Humedad, % | Máx 0,50 | Máx. 0,50 |
| Densidad Aparente, $g/cm^3$ | $0,75 \pm 0,10$ | $0,85 \pm 0,10$ |
| Pérdidas por Ignición, % | Mín 35 | Mín. 43,6 |
| Absorción de Aceite, % | $20 \pm 5$ | $22,0 \pm 5,0$ |
| Blancura, % | Mín 87 | Mín. 87,0 |

## CLIENTE

El producto pasa directamente al área de espera donde luego de realizar los análisis de laboratorio es flejado y llevado al almacén de producto terminado, de donde será seguidamente despachado a empresas de producción de artículos de limpieza e higiene personal, así como empresas pinturas, industria petroquímica, industrias cosméticas y farmacéuticas, entre otras.

## DESCRIPCIÓN DE LOS MATERIALES E INSUMOS

A continuación se muestran los materiales e insumos que se utilizan durante el proceso de producción y para presentar el producto terminado.

- **Materiales e insumos utilizados para presentación y embalaje de producto terminado:**

  ➢ **Presentación:** para la presentación de los productos que se fabrican en Cam se utilizan **sacos multipliegos de papel**, tanto para talcos como para carbonatos. En l**a Tabla 16** se muestra la descripción detallada de estos empaques.

**Tabla 16**: *Descripción de los sacos multipliegos de papel (2x97)*

| CARACTERÍSTICAS | ESPECIFICACIONES (NORMA VENEZOLANA COVENIN-2327-88) | MÉTODO DE ENSAYO |
|---|---|---|
| PESO BÁSICO PLIEGO (g/m²) | 97 ± 5 % | COVENIN 954-84 |
| CANTIDAD DE PLIEGOS | 02 | VERIFICACIÓN VISUAL |
| DIMENSIONES SACO (cm) | Ancho: 48,3 ± 0,7<br>Fondo: 10,2 ± 0,7<br>Largo: 56,0 ± 0,7 | VERIFICACIÓN CON<br>CINTA MÉTRICA |
| VÁLVULA (TIPO) | TUBULAR<br>BOLSILLO | VERIFICACIÓN VISUAL<br>Y CON CINTA MÉTRICA |
| DIMENSIONES DE LA VÁLVULA (cm) | Ancho: 10,0 ± 0,7<br>Largo: 18,0 ± 0,7 | VERIFICACIÓN VISUAL<br>Y CON CINTA MÉTRICA |
| TIPO PERFORACIONES | NORMALES Y ALTERNAS | VERIFICACIÓN VISUAL |
| IMPRESIÓN DEL SACO | NITIDA Y LEGIBLES | VERIFICACIÓN VISUAL |
| COLOR DE IMPRESIÓN | UN COLOR: NEGRO | VERIFICACIÓN VISUAL |
| NOMBRE DEL PRODUCTO | NINGUNA | VERIFICACIÓN VISUAL |
| HUMEDAD (%) | 7,0 a 8,5 | COVENIN 242-79 |
| PEGADURA LONGITUDINAL | CUMPLE | COVENIN 2207-84 |
| PEGADURAS DE LOS EXTREMOS | CUMPLE | COVENIN 2328-85 |
| MARCACIÓN | CONFORME A Fig. Pag. 3/3 | VERIFICACIÓN VISUAL |
| EMBALAJE | BULTOS DE 100 SACOS SUJETADOS CON DOS FLEJES PLÁSTICOS COMO MÍNIMO | VERIFICACIÓN VISUAL |

En la **Figura 6** se muestra la presentación de los sacos multipliegos tanto para talcos como para carbonatos:

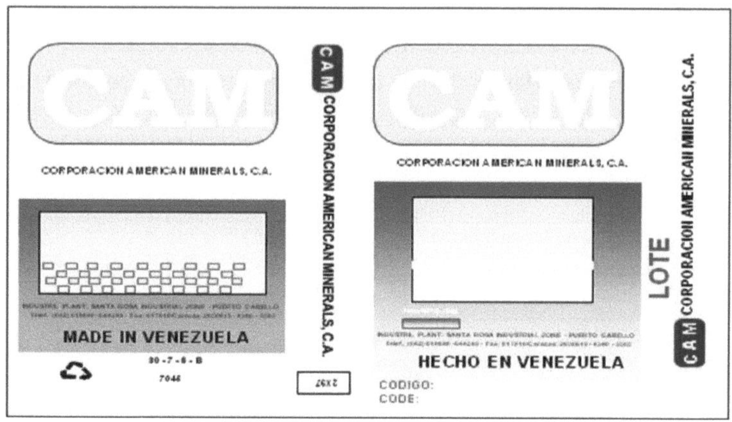


**Figura 6**: Presentación de los sacos multipliegos para talcos y carbonatos de la empresa Cam c.a. Fuente: Corporación American Minerals, CAM C.A.

> **Embalaje:** se utilizan hojas de rollos en polietileno especiales que permiten la optimización en el rendimiento de los paletizados y garantiza el transporte de los productos terminados. Las ventajas de utilizar este material vienen dadas por la protección contra el polvo, suciedad y condiciones climáticas, excelente estabilidad al producto al sujetarlo firmemente, fácil identificación de los productos que se empacan, almacenamiento temporal de la mercancía a la intemperie, manipulación de la mercancía a través de montacargas, entre otras.

En la **Figura 7** se muestran las dimensiones de las hojas de rollos en polietileno especiales que se utilizan durante el proceso de embalaje y paletizado.

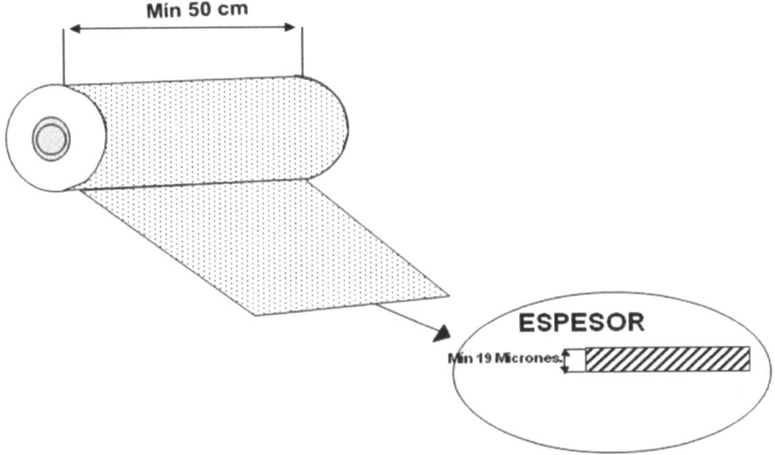


**Figura 7:** Dimensiones de las hojas de rollo en polietileno especiales empleadas en la empresa Cam para los procesos de embalaje y paletizado de producto terminado. Fuente: Corporación American Minerals, CAM C.A.

- **Insumo para Talcos industriales y cosméticos:**

  - **Silicato de magnesio natural:** Se trata de talco cuya fórmula química es $Mg_3SiO10(OH)2$, de color blanco o gris verdoso. Teóricamente contiene 31.7% MgO, 63.5% $SiO_2$ y 4.8%$H_2O$. Se obtiene de forma natural por extracción de arena y de rocas minerales o de forma sintética derivado del cuarzo.
  - **Origen:** China
  - **Aplicación:** para la fabricación de talcos industriales, cosméticos y micronizados.

En la **Tabla 17** se muestra la información detallada del insumo que se utiliza en el proceso de producción:

**Tabla 17:** *Especificaciones técnicas del Silicato de Magnesio Natural*

| CARACTERISTICAS | ESPECIFICACIONES | MÉTODO DE ENSAYO |
|---|---|---|
| Presentación | PIEDRA Y/O POLVO | VISUAL* |
| Blancura % | L= Min 86 | IT-CAL-004* |
| pH, dil 1:10 | 9,0 ± 1,0 | IT-CAL-015* |
| SUST. SOLUBLES AGUA % | 0,1 Máx. | IT-CAL-012* |
| SUST. SOLUBLES ÁCIDO % | 2,0 Máx. | IT-CAL-011** |
| HUMEDAD % | 2,0 Máx. | IT-CAL-008* |
| HIERRO SOLUBLE EN AGUA | NEGATIVO | IT-CAL-013* |
| PESO ESPECÍFICO | 2,8 ± 0,2 | IT-CAL-018* |
| PERDIDAS POR IGNICIÓN,% | 6,5 Máx. | IT-CAL-014* |
| METALES PESADOS % | 0,004 Máx. | USP 24 ** |
| **QUÍMICAS** | | |
| $SiO_2$, % | ≥ 58 | |
| MgO, % | ≥ 27 | |
| $Fe_2O_3$, % | ≤ 1,8 | |
| $Al_2O_3$, % | ≤ 2,0 | |
| CaO, % | ≤ 2,0 | Absorción atómica** |
| Pb, ppm | < 10 | |
| As, ppm | < 3 | |
| **MINERALÓGICAS** | | |
| TALCO, % | (>90) Muy abundante | Difracción de rayos X** |
| CLORITA y OTROS, % | (< 10) Muy escaso | |

➢ **Sacos miltipliego de papel utilizado:** 50 Unidades.

➢ **Presentación:**
**Cosméticos:**
✓ (1024): Paleta de 50 sacos de 22 kg c/u
✓ (1025): Paleta de 50 sacos de 25 kg c/u
✓ (1034): Paleta de 50 sacos de 20 kg c/u
**Industriales:**
✓ (2032): Paleta de 50 sacos de 20 kg c/u
✓ (2025): Paleta de 50 sacos de 22 kg c/u

- **Insumo para Carbonato Dolomítico**

➢ **Dolomita:** es un mineral que está compuesto por carbonato de Calcio y Magnesio. Su fórmula molecular es $CaMg(CO_3)_2$. Su composición es: 51%, Oxígeno, 22% Calcio, 14% Magnesio y 13% Carbono. Entre los usos que este mineral tiene en la **industria cosmética** destaca la elaboración de polvos de talco, determinadas cremas faciales y pastas dentífricas.

➢ **Cantidad:** 1250 kg

➢ **Origen:** Venezuela

➢ **Aplicación:** procesamiento de carbonatos industriales

En la **Tabla 18** se muestra la información detallada del insumo que se utiliza en el proceso de producción:

**Tabla 18:** *Especificaciones Técnicas de Carbonato Dolomítico.*

| CARACTERISTICAS | ENSAYO REALIZADO POR | | |
| --- | --- | --- | --- |
| | ESPECIFICACIONES | PROVEEDOR ó LABORATORIO | LABORATORIO CAM (SEGÚN METODO DE ENSAYO) |
| PRESENTACIÓN | PIEDRA | APLICA | APLICA |
| BLANCURA | $\geq 87,0$ | APLICA | Aplica bajo IT-CAL-004 |
| PH, DILUCIÓN 1:10 | $9,00 \pm 1,00$ | APLICA | Aplica IT-CAL-015 |
| HUMEDAD, % | $\leq 2,00$ | APLICA | Aplica IT-CAL-008 |
| PESO ESPECÍFICO | $2,88 \pm 0,25$ | APLICA | Aplica IT-CAL-018 |
| PERDIDAS POR IGNICIÓN, % | $\geq 42,0$ | APLICA | No se realiza en CAM |
| COMPOSICIÓN QUÍMICA | | | |
| $MgO$ (%) | $\geq 16,0$ | | |
| $CaO$ (%) | $\leq 32,00$ | | |
| $SiO_2$ (%) | $< 2,50$ | APLICA | NO SE REALIZA EN CAM |
| $Fe_2O_3$ (%) | $< 2,00$ | | |
| $Al_2O_3$ (%) | $< 2,00$ | | |
| $MgCO_3$ (%) | $\leq 40,00$ | | |
| $CaCO_3$ (%) | $\geq 56,0$ | | |

- **Insumo para Carbonato de Calcio**

  - ➢ **Caliza:** es una roca sedimentaria compuesta mayoritariamente por carbonato de calcio ($CaCO_3$), generalmente calcita, aunque frecuentemente presenta trazas de magnesita ($MgCO_3$) y otros carbonatos.
  - ➢ **Cantidad:** 1250 kg
  - ➢ **Origen:** Venezuela
  - ➢ **Aplicación:** procesamiento de carbonatos industriales.

En la **Tabla 19** se muestra la información detallada del insumo que se utiliza en el proceso de producción:

**Tabla 19:** *Especificaciones Técnicas del Carbonato de Calcio.*

| CARACTERISTICAS | ENSAYO REALIZADO POR | | |
| --- | --- | --- | --- |
| | ESPECIFICACIONES | PROVEEDOR ó LABORATORIO | LABORATORIO CAM (SEGÚN METODO DE ENSAYO) |
| PRESENTACIÓN | PIEDRA | APLICA | APLICA |
| BLANCURA | $\geq 89,0$ | APLICA | Aplica bajo IT-CAL-004 |
| PH, DILUCIÓN 1:10 | $9,00 \pm 1,00$ | APLICA | Aplica IT-CAL-015 |
| HUMEDAD, % | $\leq 2,00$ | APLICA | Aplica IT-CAL-008 |
| PESO ESPECÍFICO | $2,88 \pm 0,25$ | APLICA | Aplica IT-CAL-018 |
| PERDIDAS POR IGNICIÓN, % | $\geq 38,0$ | APLICA | No se realiza en CAM |
| COMPOSICIÓN QUÍMICA | | | |
| MgO (%) | $\geq 16,0$ | | |
| CaO (%) | $\leq 39,00$ | | |
| SiO2 (%) | $< 3,00$ | APLICA | NO SE REALIZA EN CAM |
| Fe2O3 (%) | $< 2,00$ | | |
| Al2O3 (%) | $< 2,00$ | | |
| MgCO3 (%) | $\leq 70,00$ | | |
| CaCO3 (%) | $\geq 23,0$ | | |

**PROVEEDOR**

Las piedras de dolomita y caliza son tomadas de los almacenes de materia prima a granel, estos son suministrados por las canteras de minerales nacionales en Puerto Cabello -Edo Carabobo, Yaritagua -Edo Yaracuy, entre otras. El silicato de magnesio en suministrado por clientes nacionales los cuales solicitan servicios de esterilización y disminución de la granulometría de  sus productos.

**Actividades**

*Para procesamiento de Carbonado de Calcio:*

1. **Búsqueda de materia prima:** Con ayuda del minishowell el operador encargado de la alimentación toma las piedras de los almacenes asignados, trasladando por palada aproximadamente 365 kg/palada.
2. **Cernido:** Las piedras son colocadas en una estructura de cernido vibratoria que separa las piedras de la tierra, esto  con el fin de evitar que el producto resulte fuera de especificaciones por blancura no conforme.
3. **Alimentación de línea:** El operador a cargo del minishowell descarga las piedras en la oca de alimentación de la línea y luego de retira del tamiz las piedras atrapadas por ser de granulometría mayor de 1 pulg.

*Para procesamiento de Talco:*

1. **Búsqueda de materia prima:** Con ayuda del montacargas el operario del mismo busca la paleta de talco almacenada en el almacén dispuesto para su fin y lo ubica a 3 metros de del área de alimentación.

2. **Cambio de sacos a Big-Bac:** Luego de preparar el Big-Bac, un operador toma los sacos y con ayuda de una navaja abre los sacos por un extremo y uno a uno los va arrojando dentro del mismo.

3. **Alimentación de línea:** El operador abrocha el big-bac al extremo del polipasto y sube hasta donde se encuentra la tolva de alimentación, desde allí acciona el mecanismo de elevación y posiciona el big-bac en la superficie de la tolva, en este momento libera el amarre que está en la parte inferior del bic-bag comienza alimentar el material dándole movimiento hacia arriba y hacia abajo para que dicho material valla cediendo

*Para ambos productos:*

4. **Dosificación**: Operación mecanizada, realizada por una válvula rotativa la cual va alimentando al molino tomando el material almacenado en la tolva de alimentación.

5. **Molienda:** Las piedras son reducidas de tamaño por efecto de trituración realizada con las péndulas en la cámara de molienda.

6. **Clasificación:** Las aspas del clasificador que se encuentran girando en un rango de 300 rpm a 500 rpm, clasifican el material dejando pasar solo las que cumplen con la granulometría correcta y las otras son arrojadas nuevamente a la cámara de molienda hasta lograr el tamaño correcto.

7. **Separación:** Cuando el material llega al ciclón, este por medio de un sistema de flujo de aire separa el material de la masa de aire, enviando el producto al silo de esterilización y el aire viaja con pequeñas partículas el filtro de mangas.

8. **Filtrado:** La masa aire pasa a través de las mangas dispuestas en el interior del filtro y quedan atrapadas en ellas las partículas de material, luego de esto las mangas son sacudidas con la entrada brusca de aire comprimido, de esta forma el producto se incorpora también al silo de esterilización.

9. **Esterilización:** En el caso del carbonato de calcio el producto pasa por el silo sin presencia de calor. A diferencia del talco, al cual se le incorpora calor por medio del quemador, llevando el producto a una temperatura de esterilización.

10. **Ensacado y paletizado:** Un operario se encarga de ensacar el producto en los sacos de papel que previamente fueron sellados por el mismo. Los sacos son colocados uno a uno en la paleta de madera hasta armar un paletizado de 50 unidades. Cabe destacar que cada dos sacos el operador verifica que la ensacadora este balanceada tomando el saco lleno y colocándolo en la balanza digital, en caso de ser necesario realiza los ajustes.

## DESCRIPCIÓN DE LOS EQUIPOS Y HERRAMIENTAS UTILIZADOS

Los diferentes equipos y herramientas que intervienen en el proceso de producción se encuentran distribuidos en secciones diferentes. A continuación, en la **Tabla 20** se describen las características de cada equipo dependiendo la sección donde participa:

**Tabla 20**: *Equipos y Herramientas.*

| SECCIÓN | HERRAMIENTAS | EQUIPO PRIMARIO | CAPACIDAD | COMPONENTE SECUNDARIO | ESPECIFICACIONES TÉCNICAS |
|---|---|---|---|---|---|
| Alimentación | Mini cargador<br><br>Marca: CASE(1845C)<br><br>365Kg/pala | CINTA TRANSPORTADORA<br><br>TOLVA DE ALIMENTACIÓN<br><br>BOCA DE ALIMENTACIÓN | | | |
| Molienda | | MOLIDO DE PÉNDULAS | 1.3 TON/h | MOTOR ELÉCTRICO | - 100 HP<br>-1185 RPM<br>- 440 V<br>- 60HZ<br>- 125 A |
| | | VALVULA (ROTATIVA) | 8 TON/H | MOTOR ELECTRICO | - 3HP<br>- 1730RPM<br>- 230V<br>- 60HZ |
| | | CLASIFICADOR | | | |
| Movilización de material | | EXAHUSTOR PRIMARIO | 3900 pie$^3$/min | TURBINA<br>EJE<br>ESTRUCTURA DE CARACOL | |
| | | EXAHUSTOR SECUNDARIO | 2200 pie$^3$/min | TURBINA<br>EJE<br>ESTRUCTURA DE CARACOL | |
| | | COMPRESOR | | | |
| Fistrado | | FILTRO DE MANGAS | AREA FILTRANTE 161,84 m$^2$ | 144 MANGAS | |

| Ensacado y Paletizado | -SELLO HÚMEDO<br><br>-TERMOMETRO DE VARILLA<br><br>-BALANZA DIGITAL(50 KG)<br><br>-BALANZA ELETROMECANICA (2000 KG)<br><br>- MONTACARGA CATERPILLAS (2500 KG) | ENSACADORA | 4 Ton/h | DOCIFICADOR | |
|---|---|---|---|---|---|
| | | | | SISTEMA NEUMÁTICO | |
| | | | | MOTOR ELECTRICO | - 4.4 A<br><br>- 3 HP<br><br>- 1180 RPM<br><br>- 440 V<br><br>- 60 HZ |
| Esterilización | | HORNO | Max 600 °C | | |

## Alcance del estudio

El alcance del estudio se realizó aplicando el tercer paso del método ESIDE, en éste se determinó la importancia de los elementos del sistema, los cuales son: producto, insumos, actividades, equipos y herramientas, espacio, mano de obra, para ver cuál es el impacto de cada uno de estos elementos sobre los indicadores de desempeño y así seleccionar aquel que dé mayor valor, a continuación se muestra en la **Tabla 21** el impacto de los elementos sobre los indicadores.

**Tabla 21:** *Alcance del estudio*

| Elementos del Sistema | Indicadores de desempeño | | | | | | Total |
|---|---|---|---|---|---|---|---|
| | Volumen de producción | | Condiciones Disergonómicas | | Tiempo de preparación | | |
| | PR= 10 | Sub-total | PR= 7 | Sub-total | PR= 8 | Sub-total | |
| Producto | 1 | 10 | 0 | 0 | 0 | 0 | 10 |
| Insumo | 3 | 30 | 0 | 0 | 2 | 16 | 46 |
| Actividades | 2 | 20 | 3 | 21 | 3 | 24 | 65 |
| Equipos y Herramientas | 3 | 30 | 3 | 21 | 2 | 16 | 67 |
| Espacio | 3 | 30 | 0 | 0 | 2 | 16 | 46 |
| Mano de obra | 2 | 20 | 1 | 7 | 1 | 8 | 35 |

En la tabla anterior se muestra  el impacto de cada elemento del sistema sobre los indicadores, en el cual asignó valores del 0 al 3, donde 0 significa un impacto muy bajo, 1 un impacto bajo, 2 un impacto regular y 3 un impacto alto. Estos valores son multiplicados por el peso relativo que se les asigno previamente a los indicadores. Asimismo, se puede observar que los elementos que proporcionan valores significativos son: los insumos, las actividades, los equipos y herramientas implementados, la mano de obra y el espacio con unas puntuaciones de  46, 65, 67 y 46,  respectivamente. Sin embargo, es  apropiado tomar en cuenta la mano de obra, debido a que su puntuación es relativamente cercana a dos de las de mayor ponderación.

**Identificación de los desperdicios presentes**

Continuando con la metodología ESIDE, mediante el apoyo de la lista de desperdicios comunes mostrada en el **Anexo N°1** se realizó una lista con los principales desperdicio presentes en el área, con la intención de identificar aquellos elementos o actividades que no agregan valor, sin embargo están presentes en el proceso de producción. Esta lista se muestra en la **Tabla 22** que se muestra a continuación.

**Tabla 22:** *Desperdicios presentes en el área crítica.*

| Elementos | Desperdicios |
|---|---|
| Insumos | • Material fuera de especificaciones |
| Actividades | • Consumo significativo de tiempo<br>• Operaciones de preparación |
| Espacio | • Largas distancias de recorrido<br>• Inadecuada distribución de equipos, herramientas y materiales |
| Equipos y herramientas | • Fugas de material<br>• Velocidad reducida |
| Mano de obra | • Condiciones que provocan fatiga |

**Material fuera de especificaciones:** La unión de as rumas de piedra recibida ocasiona que la materia prima con blancura conforme se vea afectada con la materia prima fuera de especificaciones.

**Consumo significativo de tiempo:** la actividad de cambio de sacos a big bag ocupa a los operadores tiempos significativos en el proceso.

**Operaciones de preparación:** En la operación de alimentación se debe realizar posteriormente la recolección de piedras que fueron derramadas en el suelo en el traslado realizado en la cinta trasportadora. De igual modo la limpieza de cámara de molienda que debe realizarse cada vez que se requiere cambiar de materia prima.

**Largas distancias de recorrido:** El operario encargado de las labores de alimentación debe recorrer con el minishowell distancias prolongadas repetitivamente.

**Inadecuada distribución de equipos, herramientas y materiales:** Las materias primas se encuentran almacenadas sin tomar en cuenta su importancia y  la frecuencia con la cuales son utilizadas. Además alrededor del área de procesamiento se encuentran objetos que dificultan la movilidad y alteran las distancias de recorrido (Equipos desincorporados, Material en rechazado, etc.)

**Fugas de material:** En la operación de ensacado constantemente se escapa material de a través de las uniones de mangaras y elementos neumáticos por los cuales circula el  producto terminado a ensacar.

**Velocidad reducida:** La operación de cernido de materia prima consume tiempos considerablemente altos, haciendo que se genere un cuello de botella en esta fase del proceso de producción.

**Condiciones que provocan fatiga:** En el proceso de ensacado al igual que es diversas actividades del proceso se efectúan posturas disergonómicas  de forma repetitiva, involucrando manipulación de carga, trayendo como consecuencia lesiones y fatiga en los trabajadores.

**Cuantificación de los desperdicios**

A continuación, en la **Tabla 23** se cuantifican los desperdicios anteriormente mencionados utilizando la información dada por el departamento de producción de la empresa, con  el propósito de evaluar el impacto en cuanto al desempeño del área.

**Tabla 23:** *Cuantificación de los desperdicios del área crítica.*

| Desperdicio | Unidad | Cantidad |
|---|---|---|
| Material fuera de especificaciones | Kg/Turno | 151,51 |
| Consumo significativo de tiempo | Min/Turno | 26,1 |
| Operaciones de preparación | Min/turno | 23,25 |
| Largas distancias de recorrido | m/turno | 630 |
| Inadecuada distribución de equipos, herramientas y materiales | % | 11,41 |
| Fugas de material | Kg/turno | 46,6 |
| Velocidad reducida | Min/Pala | 24,99 |
| Condiciones que provocan fatiga | Actividades | 3 |

La tabla anterior muestra los desperdicios más comunes y su cuantificación para obtener una visión clara de la situación actual.

**Análisis de la situación actual**

Se realizó un análisis de los desperdicios presentes con la finalidad de encontrar la causa raíz, y de esa forma, proponer soluciones a los problemas actuales. Para este análisis se implementará el diagrama Causa-Efecto, herramienta que permite ordenar y clasificar las causas de un problema, además de mostrar de forma generalizad, a todos los problemas que pueden estar presente dentro de todo el proceso, ayudando así al entendimiento de la situación actual en el sistema en estudio. Los elementos que se analizaron con la ayuda de éste diagrama son los siguientes: equipos y herramientas, distribución del espacio, mano de obra, métodos y materiales. El diagrama se puede apreciar en la **Figura 8.**

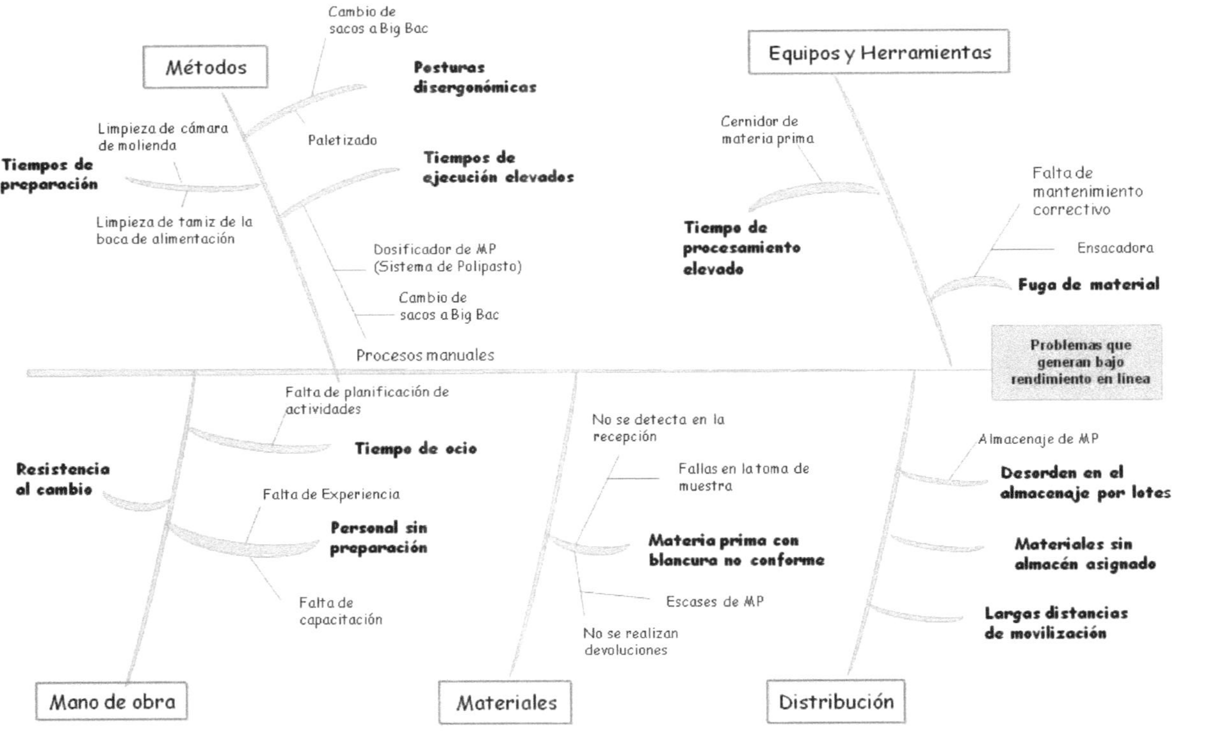


**Figura 8**: Diagrama Causa-Efecto

Además de la herramienta aplicada anteriormente, se hará uso del análisis de los cinco ¿Por qué?, correspondiente al paso seis (6) de la metodología ESIDE, el cual se muestra en la **Tabla 24**.

Cabe destacar que, con la implementación de una herramienta como lo es el diagrama Causa-Efecto conjuntamente con la metodología ESIDE, se busca tener un análisis general y detallado de todos los elementos que generan los desperdicios. A pesar de que ambas técnicas de análisis nos llevan a las mismas conclusiones, encontrar las causas raíces, se logra establecer una relación entre ambas para así, una vez planteadas las acciones de mejoras correspondientes, estas garanticen el impacto deseado en las áreas que realmente presentan dificultades durante el proceso.

| Desperdicio | ¿Por qué? | ¿Por qué? | ¿Por qué? | ¿Por qué? | ¿Por qué? |
|---|---|---|---|---|---|
| Material fuera de especificaciones | Piedra no conforme para obtener producto aprobado | Mezcla de materias primas | Se almacenan las rumas pegadas según el lote, aunque vengan fechas de explotación distintas | Se requiere maximizar la cantidad almacenada en los almacenes | |
| Consumo significativo de tiempo | Cambio de sacos a Big Bag | No se puede alimentar los sacos directamente a la tolva | El área de alimentación no es lo suficientemente espaciosa | El área de trabajo está diseñada solo para alimentación con Big Bag usando polipasto | |
| | | El rompimiento de saco se hace manualmente | | | |
| | Alimentación con polipasto | La actividad requiere del operador en todo tiempo | Existe riesgo de que la tova quede vacía | El material alimentado no cabe completamente en la tolva | |
| Operaciones de preparación | Limpieza de cámara de molienda | Se debe limpiar la cámara de molienda cada vez que se cambia de materia prima | Esta especificado en los manuales de gestión de la calidad | | |
| | Limpieza de tamiz | Se limpia el  tamiz de la boca de alimentación cada vez que se alimenta una palada de material | Las piedras mas grandes quedan atrapadas en el tamiz | Las piedras no son de tamaño uniforme | |

| | | | | | |
|---|---|---|---|---|---|
| Largas distancias de recorrido | Se debe buscar la materia prima en almacenes  alejados | Son almacenados en dichos almacenes al momento de su recepción | Están definidos así en la distribución de almacenes | Los almacenes para este tipo de material requieren esas características | El área que ocupa el material. |
| Inadecuada distribución de equipos, herramientas y materiales | Hay equipos desinstalados y materiales defectuosos ubicados en el área de proceso. | Al buscar ubicar un Equipo o material lo colocan en cualquier espacio vacío | No tienen almacén asignados | | |
| Fugas de material | La ensacadora presenta escape de material. | Las mangueras y piensas mecánicas están desgastadas | Falta de mantenimiento | Incumplimiento del plan de mantenimiento | Falta de planificación de actividades en el departamento de mantenimiento |
| Velocidad reducida | Actividad de cernido | La velocidad de deslizan en la suficientemente de la malla | El ángulo de inclinación | | |
| Condiciones que provocan fatiga | Efectúan movimientos de 5to orden | El paletizado se comienza a nivel de piso | | | |
| | Manipulación manual de carga | Los operadores manipulan cargas de 25 kg  o mas | | | |

**Tabla 24:** *Análisis de los desperdicio del área critica.*

Mediante la información señalada en el diagrama anterior, conjuntamente con el paso seis (6) de la metodología ESIDE, se puede detallar los factores que inciden con mayor relevancia sobre los desperdicios. A continuación, una breve descripción de todas las problemáticas encontradas mediante los análisis realizados anteriormente.

- Equipos y Herramientas

Una de las deficiencias presentes en la organización viene dada por la capacidad de producción, al realizar un análisis de la situación actual se pueden apreciar aspectos deficientes en muchas áreas del proceso de producción, una de ellas es el área del proceso de ensacado (ensacadora), cuyo funcionamiento se da a través de un sistema neumático y un constante flujo de aire comprimido que, en la actualidad se ve afectado por un escape de aire proveniente de las mangueras que alimentan el mismo, ocasionando que haya una fuga de material en toda el área el cual se visualiza en forma de nube de polvo, la cual se encuentra esparcida en el área de trabajo e impidiendo el óptimo desempeño de las labores de los operarios que manipulan la ensacadora. Aproximadamente, un total de 250 Kg de material es recogido del piso a través de palas y depositado en un tobo para tal fin, esto se adjudica a la falta de un mantenimiento correctivo.

Por otra parte, antes del proceso de traslado de la materia prima, se realiza un proceso donde se prepara la materia prima; en una estructura de 2 m de altura se encuentra un cernidor encargado de separar la piedra de la tierra y suciedad, el operario con ayuda del  minishowell toma una pala de materia prima (365 Kg) y la arroja en el cernidor, la cantidad depositada en él es procesada en 38 min; cada pala contiene aproximadamente 300 kg de piedra que será utilizada en las siguientes fases del proceso y 65 kg de tierra que se encontraba adherida al material, esta será utilizada luego en otros fines comerciales. La actividad se repite 4 veces para cumplir con una unidad de producción (1250 kg/paleta); los materiales, diseño y bases que fundamentaron la elaboración de éste cernidor no son los apropiados ya que no se realizó un estudio previo para determinar el ángulo de deslizamiento correcto  para la manipulación de materiales como Dolomita y Caliza, no se determino el tipo de malla adecuada que permita el paso de los granos para realizar la separación correcta del material, notándose a simple vista que la malla actual presenta taponamiento de algunas áreas; ésta falta de equipos adecuados para las operaciones que se realizan generan que el proceso de cernido sea muy lento, aproximadamente 38 min procesando la materia prima.

- Mano de Obra

Un factor predominante que afecta la productividad de la empresa es la actitud de los operarios, a pesar de los esfuerzos realizados por parte de la organización para promover el compromiso y la responsabilidad, no todos los operarios se comprometen y están dispuestos, también influyen las condiciones laborales. Asimismo el personal sin preparación es un factor que afecta el desenvolvimiento de las operaciones, esto se debe a la falta de experiencia y capacitación. Adicionalmente existen procesos manuales como el de alimentación de materia prima, el de ensacado, sellado y pesado que se deben considerar al momento de determinar la capacidad de producción necesaria para planificar la producción y por ende, las actividades, eliminando los tiempos de ocio ocasionados por la falta de éstas.

- Distribución del Espacio

Las distancias recorridas por los operarios son considerables al momento de realizar la alimentación de la materia prima, la cual se encuentra en el primer almacén y para poder alimentar la línea LP2, el operario debe recorrer una distancia promedio de 9 x 5 m, desde el almacén hasta el área donde se encuentra la línea LP2, es necesario que éstos almacenes de recepción de materia prima estén ubicados más cerca de la línea de producción, considerando que los minishowells tampoco están a su mejor capacidad  y es necesario no forzarlos recorriendo distancias muy largas. La materia prima no cuenta con un almacenamiento adecuado, es de suma importancia ya que éstas poseen características diferentes y es importante mantener su separación al momento de almacenarlas, existen materias primas con blancuras distintas que luego terminan mezclándose y esto genera dificultad en el proceso por la suciedad del material por lo que se requiere un sistema adecuado para almacenar materia prima a granel. De igual modo existen elementos sin almacén asignado, tales como equipos desincorporados, que se encuentran obstruyendo el espacio del galpón dos  el cual está destinado para la recepción de materia prima en conteiner. De igual forma se encuentran materiales y producto en estado de reproceso que no están ubicados en un almacén destinado para tal fin porque no se ha acondicionado un espacio, sino que, son colocados en lugares que obstruyen el paso, sacos colocados debajo de las líneas y dejados en lugares inapropiados, ocasionando el extravío de los mismos y por lo tanto, que sea difícil su ubicación.

- Método de Trabajo

Las operaciones realizadas están compuestas por actividades manuales que afectan la salud del trabajador y que además atrasan el proceso debido al elevado tiempo de ejecución que ameritan. Además los tiempos de preparación están presentes en las actividades de limpieza de cámara de molienda en la cual se consume en promedio 2.4 hr/día y la limpieza contante del tamiz de la boca de alimentación el cual consume 30 min/turno del tiempo dispuesto por el operador para alimentar una unidad de producción; por otra parte los tiempos de ejecución elevados, primero por el cambio de sacos a Big Bac realizado para poder alimentar la materia prima a través del polipasto, este se ejecuta con las mismas condiciones disergonómicas que el proceso de paletizado consumiendo aproximadamente 29 min, y segundo la alimentación por polipasto: la tolva de polipastos es un sistema que opera con un motor hidráulico (levantamiento) donde se eleva el big bac a través de un sistema elevador  y la intervención de un operario que manipula el mismo para que todo el material que se encuentra en el gran saco sea depositado en una tolva para dar pie a la ejecución del proceso. La capacidad actual que maneja el polipasto (500 toneladas), es muy baja respecto a lo que realmente se necesita procesar, ya que los Big Bac (gran saco) tienen una capacidad que oscila entre 1000 kg y 1200 kg de material, generando que el operador tenga que invertir aproximadamente 25 min por cada descarga de Big Bac suministrando el material en la tolva, elevando las horas hombres en este proceso y los retrasos.

Con el fin de realizar un estudio técnico y metodológico del sistema de producción en la línea de proceso LP2 y además poder priorizar entre todos los problemas descritos en el análisis realizado previamente, se desarrolló la metodología ESIDE 10 , como técnica principal para el direccionamiento de las propuestas de mejora a implementar.

Con el análisis hecho anteriormente se cuantificaron los desperdicios presentes y se identificaron las causas raíces de cada uno de los problemas que generan mayor impacto dentro del proceso, con la finalidad de localizar dónde reside la fuente principal y tomar medidas que mejoren las condiciones actuales, las cuales interfieren en el desarrollo de las actividades y operaciones que se realizan en las áreas de estudio, permitiendo así la delimitación de las acciones. En este sentido, de todos los problemas descritos en el diagrama Causa-efecto, presentados anteriormente, se tomarán acciones dirigidas a eliminar los problemas de: unión entre las rumas de materia prima (buscando de igual forma maximizar la cantidad en los almacenes en cumplimiento con las exigencias de inventario en la empresa), mejorar la distribución interna de la operación de cernido y el rediseño del equipo utilizado en la actividad, y reducir los riesgos a los cuales se encuentran expuestos los operarios que laboran en el área de ensacado-paletizado.

Cabe destacar que el problema de fuga de material en la ensacadora de producto terminado, se mitiga con la ejecución del mantenimiento correctivo y la ejecución del plan de mantenimiento preventivo existente en la empresa por parte el departamento encargado.

## 5. PROPUESTAS DE MEJORA

Una vez analizadas las causas detectadas en el diagnóstico se procede al planteamiento de las acciones de mejoras correspondientes con el propósito de eliminar o disminuir las causas que afectan la productividad y por ende, lograr el incremento de la misma en la empresa Corporación American Minerals C.A.

### 5.1. Propuesta 1: Mejoras en el almacenamiento de materias primas para la disminución del material defectuoso.

En los análisis realizados anteriormente se evidenció la influencia que tiene la distribución  de los espacios en la productividad de la  empresa. En este sentido, a través del Diagrama Causa-Efecto se obtuvo como resultado que la principal causa de que los materiales afecten la productividad de la línea, sea por motivo de tener que procesar materias prima fuera de especificación, esto es ocasionado por fallas en el proceso actual de muestreo de las piedras recibidas, aplicado por el departamento de aseguramiento de  la calidad  de la empresa y por políticas establecidas  por la misma, por este motivo no se tramitan devoluciones a los proveedores de materiales debido a su escasez, en este sentido se prefiere buscar otras alternativas comerciales para darle salida del inventario. Adicionalmente se tiende a  realizar actividades de preparación a estos materiales buscando mejorar sus características por medio del lavado.

De esta forma,  al realizar el  análisis con la metodología ESIDE  al igual que con el Diagrama Causa –Efecto, se  evidenció principalmente, la influencia de los insumos sobre el indicador  de  volumen de producción, obteniendo la valoración máxima de 30 puntos tal como se puede apreciar en la **Tabla 60** de alcance del estudio, definiéndose así por el impacto que tienen los materiales para poder conseguir producto  dentro de las especificaciones de blancura requerida.

Es así como, desarrollando esta metodología, al momento de realizar el análisis de los "¿Por qué?", se llegó a la conclusión que una de las causas  principales es el contacto  entre  las rumas que están fuera de especificaciones y las  que no, así como también a la manera como la empresa maneja los espacios, imposibilitando el traslado del Minishowell dentro de los almacén, limitando el acceso  para tomar material de cualquier montón, dando como resultado del análisis el principal "¿Por qué?", fundamentándose en que la distribución de los espacios y la  forma de almacenamiento son aplicadas así ya que la empresa las considera de mayor eficiencia para la administración de los espacios.

Existen una serie de factores que señalan que la distribución de los diferentes almacenes de materia prima a granel que conforman la planta son deficientes, debido a que no hay una secuencia ordenada de almacenamiento por lotes y un acondicionamiento adecuado que permita mantener los materiales aislados, y así poder disminuir la cantidad de insumos fuera de especificaciones, buscando desarrollar mejores prácticas de almacenamiento sin descuidar la administración correspondiente de los espacios para maximizar la capacidad de almacenaje.

En este sentido, se propone una nueva forma de llevar a cabo las actividades dentro del almacén, la cual consiste en la demarcación de las áreas de recepción de materiales, para un mejor aprovechamiento de los espacios, sin incurrir en el contacto directo entre las materias primas recibidas. También se plantea el diseño de una banda transportadora, con la finalidad de realizar el remonte de material para generar nuevas rumas del mismo. Además, con esto se genera una nueva cultura de orden en el almacenamiento permitiendo un mejor control de inventario.

### Definición del área de almacén

En la actualidad la empresa maneja 5 almacenes de materia prima en su distribución para el almacenamiento de piedra Dolomita y Caliza. En la propuesta se agruparon estos espacios en solo 3 almacenes tomando como delimitación las paredes existentes entre los mismos, obteniendo de esta forma, coherencia entre la identificación y el espacio de almacenaje.

**Consideraciones para el diseño**

Características de las rumas:

- Las rumas generadas por la recepción de materia prima a granel en camiones de tipo volteo, ocupan en promedio un espacio de 5 m de Diámetro (19.63 m²)

- Las rumas generadas por el remonte de materia prima a granel con el uso de payloader es de 11 m de y 8.25 m de diámetro para una altura de 4 m y 3 m respectivamente, usando un ángulo de reposo de 36 ° (Método actual).

En esta propuesta se incorpora la utilización de una cinta transportadora móvil de 4 m de alto y 4,5 de largo, con una boca de alimentación que permita la incorporación de piedras con el minishowell. Esto con el fin de realizar remontes de materia prima clasificando las piedras por blancura, y así maximizar la capacidad de almacenamiento en momentos de escases, sin incurrir en costos adicionales por el alquiler de payloader y llegando a una altura de remonte de 3 metros. Con un ángulo de reposo α=36° y usando la ecuación:

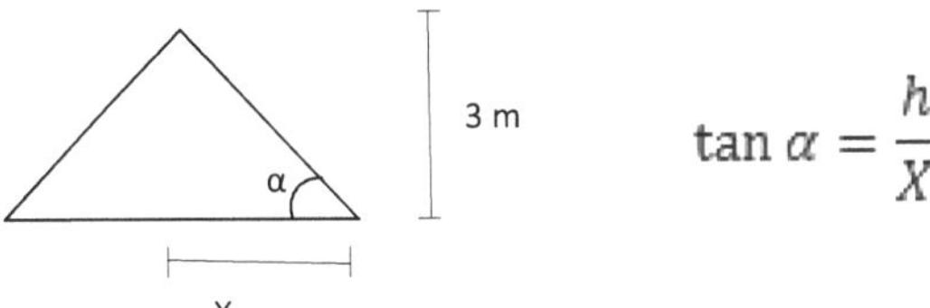


$$\tan \alpha = \frac{h}{X}$$

Se obtiene un valor de X=4,44, por lo que se tendrá un área ocupada para el montículo remontado de 8,25 m.

**Espacio de movilización de los vehículos**

✓ El mini cargador (Minishowell) requiere de un espacio de movilización de 3.5 m tomando en cuenta las especificaciones técnicas de giro.

✓ La distancia que existe entre los cauchos traseros y la puerta de la caja de carga, es de 2 m.

✓ Los camiones volteo requieren de un espacio de movilización de 3,5 m para la descarga, y una distancia de 9 m para realizar giros de posicionamiento dentro de los almacenes. Este último no será necesario ya que con la incorporación del sistema móvil de cinta transportadora se requerirá solo de 2,5m² para la movilización de las rumas dentro de las áreas.

**Equipos necesarios**

✓ Dispositivo de remonte de materia prima a granel (banda trasportadora móvil)

**Especificaciones de diseño**

Para el diseño de la banda trasportadora se utilizó como referencia las tablas de valores estándares del libro de Manejo de Materiales (Rachadell y Gómez, 2004), las cuales se muestran en la **Tabla 25.**

**Datos para el diseño:**

**Características de los materiales**

✓ Aglomerado
✓ Fluido con ángulo de reposo entre 36°
✓ Medianamente abrasivo
✓ Peso especifico de la piedra caliza: 88 lbs/pie³
✓ Peso especifico de la piedra dolomita: 95 lbs/pie³

**Necesidad de movilización de material:** partiendo de la capacidad de carga del minishowell, lo cual es de 365 kg/pala, se busca que la cinta trasportadora remonte esta cantidad de material durante el tiempo promedio que se da entre carga y carga  por parte del minishowell el cual es 60 seg/pala. De esta forma la necesidad de movilización será Nm = 365 kg/60seg = 6,08 kg/seg, es decir, Nm=21,9tm/h.

**Cálculo de especificaciones**

- **Capacidad requerida para el diseño (Cr):** Cr=21.9 tm/h*2200 lb/tm*1 pie³/95 lb=507,15 pie³/h.
- **Selección del ancho de banda y velocidad de la correa.**

Con el ángulo de reposo de 36°, en la tabla de ángulos de sobrecarga, se selecciona 25° como ángulo de sobre carga del material, de esta forma se procede a tantear el ancho de la banda de manera que cumpla con la capacidad requerida Cr=507,15 pie³/h.

De la tabla de velocidades máximas recomendadas y tomando en cuenta las características del material se obtiene:

Para un ancho de 14 pulg y una velocidad máxima de 300 pie/min, se calcula la capacidad de transporte, usando la tabla de capacidad de bandas en pie³/h y escogiendo un perfil tipo Bina se tiene la siguiente capacidad de banda:

$$Co = \frac{8.39\ pie^3/h}{1\ pie/min}$$

Con esto se obtiene:

$$Ct = Co * Vmax$$

$$Ct = \frac{8.39\ pie^3/h}{1\ pie/min} * 300\ \frac{pie}{min} = 2517\ pie^3/h$$

Ya que la capacidad de transporte es mayor a la capacidad requerida (Ct > Cr) se escoge para el diseño un **ancho de banda de 14 pulg** y una velocidad de **300 pie/min.**

- **Calculo de velocidad ajustada(S).**

$$S = \frac{Cr}{Co} = 59,039\ pie/min$$

- **Calculo del diámetro de los rodillos.**

Para velocidades menores a 400 pie/min y un ancho de banda de 14 pulg se recomienda un **diámetro de rodillos de 2,5 pulg**, según la tabla de diámetros de rodillos recomendados.

- **Calculo de separación máxima entre rodillos de carga**

Con un ancho de 14 pulg y el peso específico de 95 lbs/pie$^3$, se recomienda una separación entre los **rodillos de carga de 4 pies y 10 pulg para los rodillos de retorno**, según la tabla de separación máxima entre rodillos.

- **Calculo de potencia (HP)**

$$HPeje = \frac{k * S(L + 150)}{10000} + \frac{T(L + 150)}{33000} + \frac{T * V}{990}$$

K: factor de potencia

V: altura que se desplaza el material

L: longitud de la banda

T: Toneladas de material manejado por hora

De la tabla de factores de potencia, se tiene un factor k=0,125 para un ancho de 14 pulg.

S=59,039 pies/min

L= 8 m * 3,28 pie/m=26,24 pie

V=2,5m * 3,28 pie/m=8,2 pie

T=21, 9 tm/h * 1, 1 ton/tm=24, 09 ton/h

Entonces con estos datos se tiene un **HP= 0,458 en el eje**. Seguidamente, de los factores de seguridad y eficiencias de transmisiones para el cálculo de potencia de motores, tenemos un factor de seguridad F=2 y una eficiencia n=0,93 para poleas y correas.

Para el cálculo del HP en el motor se usa:

$$HPmotor = \frac{HPeje}{n} * F = 0,98$$

Aproximadamente igual a un motor estándar de **1 HP.**

- **Calculo del espesor de la correa y el número de lonas.**

Para esto se requiere calcular la máxima tensión que se puede generaren cualquier parte de la correa, de la siguiente manera:

$$Tmax = \frac{HPmotor * 33000}{S}(1 + R)$$

Donde R es el factor que depende del tipo de tensor empleado y del arco de contacto entre la polea matriz y la correa. En este caso, escogiendo un tensor de tornillo y poleas recubiertas, con un arco de contacto de 210°, de la tabla de factores de ajuste de tensión, se tiene R=0,66, por lo que Tmáx.=909,3

Con este valor se obtiene la tensión por pulgada de ancho (T1), T1=Tmax/ancho=64,95

Seguidamente se calcula la cantidad de lonas(n):

$$n > \frac{T1}{T_0}$$

$T_0$ es la tensión máxima admisible, que para el caso de un peso de fábrica de 28 oz es igual a 25 lbs, dando como resultado un valor de **n>2,598.** Esto significa que 3 lonas de 28 oz son capaces de resistir la tensión máxima.

El espesor recomendado para la cubierta superior según el tipo de material es de 1/8 pulg para materiales con tamaño hasta 3 pulg y un espesor de la cubierta inferior de 1/32 pulg según la tabla de espesores recomendados para cubiertas de goma.

**Resumen de especificaciones de la banda transportadora:**

- Ancho (a) =14"
- Velocidad (S) = 59,039pie/min
  diámetro de rodillos:
  -De carga: 4 pies
  -De retorno: 10 "
- Tensor de tornillo
- Correa de 3 lonas de 28 onzas
- Recubrimientos:
  -Cubierta superior: 1/8"

-Cubierta inferior: 1/32"
- Motor de 1 HP

**Tabla 25**: *Tablas de valores estándares del libro de manejo de materiales (Rachadell y Gómez, 2004)*

| TABLA 3.3 | Inclinación máxima en bandas para materiales a granel(correa lisa) |
|---|---|
| TABLA 3.4 | Máxima velocidad recomendada para bandas transportadoras |
| TABLA 3.5 | Angulo de sobrecarga |
| TABLA 3.6 | Capacidad de bandas en pies³/h a la velocidad de 1pie/min |
| TABLA 3.7 | Diámetros de rodillos recomendados (pulg) |
| TABLA 3.8 | Separación máxima entre rodillos (pies) |
| TABLA 3.9 | Factor de potencia |
| TABLA 3.10 | Factor de ajuste de tensión (r) |
| TABLA 3.11 | Tensión admitida en correas de lona |
| TABLA 3.12 | Numero de lonas recomendado en bandas transportadoras |
| TABLA 3.13 | Espesores recomendados para cubiertas de goma - cara de carga |

A continuación, en la Figura 9 se muestra el modelo de la banda transportadora con sus dimensiones generales requeridas y, posteriormente, en la Figura 10, se muestran las dimensiones de la boca de alimentación para la carga de material.

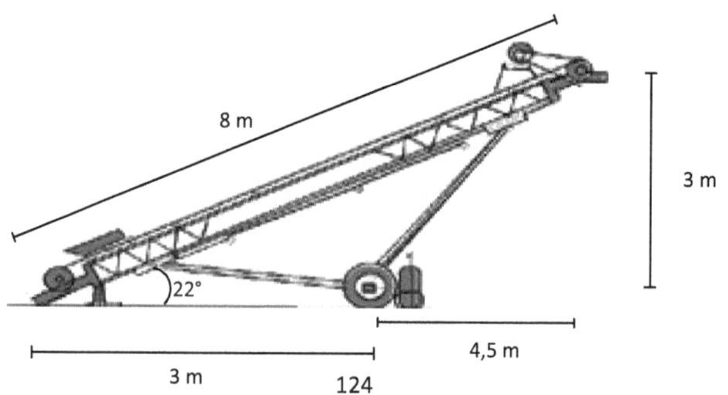

**Figura 9:** Banda transportadora móvil.

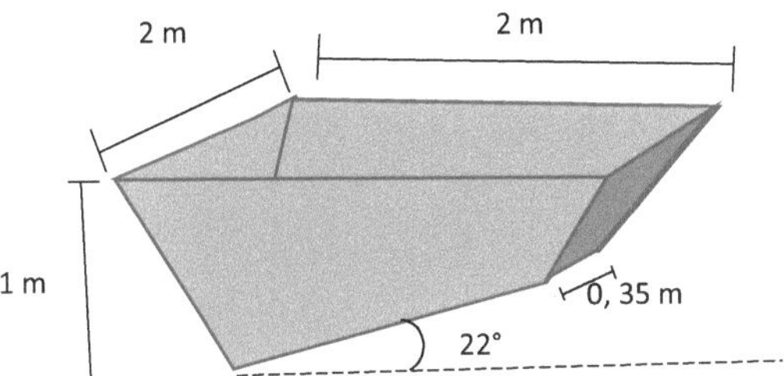


**Figura 10:** Boca de alimentación

Este dispositivo consta de una cinta trasportadora móvil con una boca de alimentación de carga incorporado donde se debe alimentar la piedras a remontar con la ayuda del Minishowell. Para el diseño de este dispositivo se toma como ángulo de inclinación mínima 22° en la cinta y en todas las caras de la boca de alimentación, el cual representa el 60% del ángulo de reposo del material.

**Materiales para la propuesta**

✓ Pintura industrial

✓ Brochas

✓ Cinta adhesiva

✓ Láminas de Acero Pulido Astm A1008 Calibre 20(frio) 0,9mm 1x2mts

La inversión necesaria para implementar esta propuesta se muestra a continuación en la **Tabla 26**:

**Tabla 26:** *Inversión necesaria para la implementación de la propuesta 1.*

| Descripción | Cantidad | Precio Unitario | Total (Bs) | Fuente | Fecha |
|---|---|---|---|---|---|
| Cinta trasportadora | 1 | 4.580.700 | 4.580.700 | INRUI C.A | 29/11/16 |
| Pintura industrial esmalte alquidico | 18 | 87.200 | 1.569.600 | Valcro C.A | 29/11/16 |
| Brochas 3' | 10 | 1.800 | 18.000 | Valcro C.A | 29/11/16 |
| Cinta tirro de papel ¾' | 40 | 1.400 | 56.000 | Libreria y Papelería América C.A | 29/11/16 |
| Lámina Acero Pulido Astm A1008 Calibre 20(frio) 0,9mm 1.5x3mts | 3 | 30.799 | 92.397 | Corporación Platinum C.A | 29/11/16 |
| Implementación | 2 | 75.000 | 150.000 | Mano de obra calificada | 29/11/16 |
| **TOTAL** | | | **6.466.697** | | |

Tomando en cuenta las características de las rumas y los espacios de movilización se diseñaron prácticas de almacenamiento a través de la demarcación en el suelo como guía de apoyo para los almacenistas. Se elaboró para cada área dos tipos de almacenamientos, uno con descarga directa de los

126

camiones volteo y otro para realizar remontes de materia prima cuando éstas están clasificadas según sus características de blancura y además, se requiere cumplir con el almacenaje establecido para cubrir las temporadas de escasez de materia prima. A continuación se presenta las vistas de planta para cada almacén:

A continuación, en la **Figura 11** se muestra la distribución de los montículos para la propuesta del almacén 1.

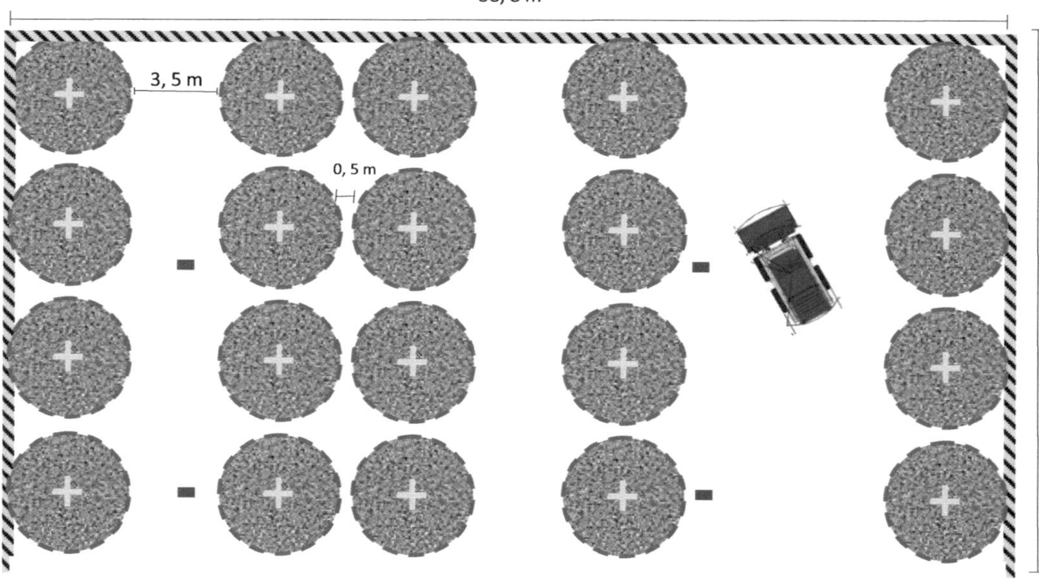


**Figura 11**: Almacenaje con descarga de camiones (Almacén 1)

En la **Figura 12** se muestra la demarcación en color azul hasta donde deberán llegar los neumáticos del camión para realizar una descarga a 1,2 m y lograr así que el montículo de piedra quede centrado en la demarcación amarilla, la forma circular obedece a la variedad de posiciones en las cuales el camión podrá realizar la descarga.

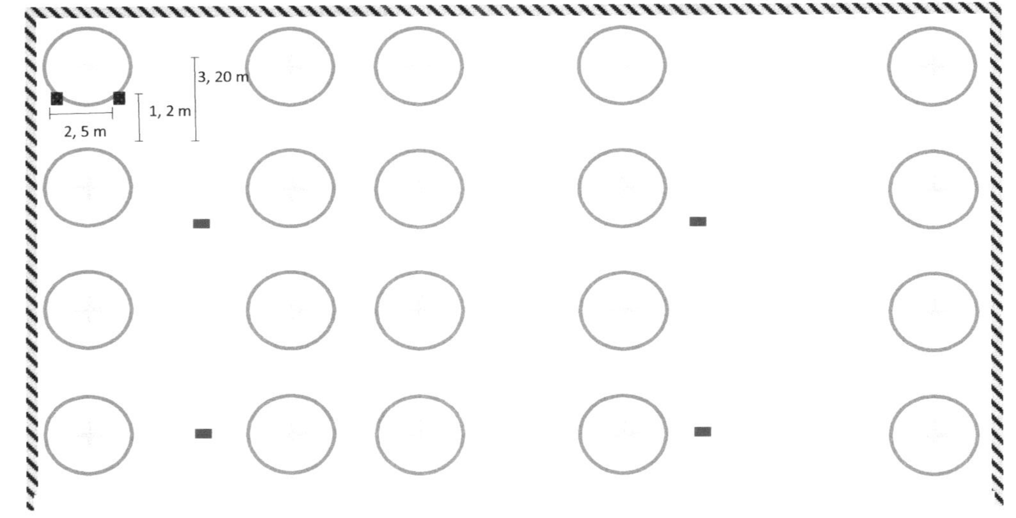


**Figura 12**: Demarcación guía para almacenaje (Almacén 1)
***Capacidad de almacenamiento (descarga de camiones):*** 20.000 Kg/ruma x 20 rumas= **400.000 Kg**

En la **Figura 13** se muestra la distribución de los montículos usando la banda transportadora para remontar material en el almacén 1.

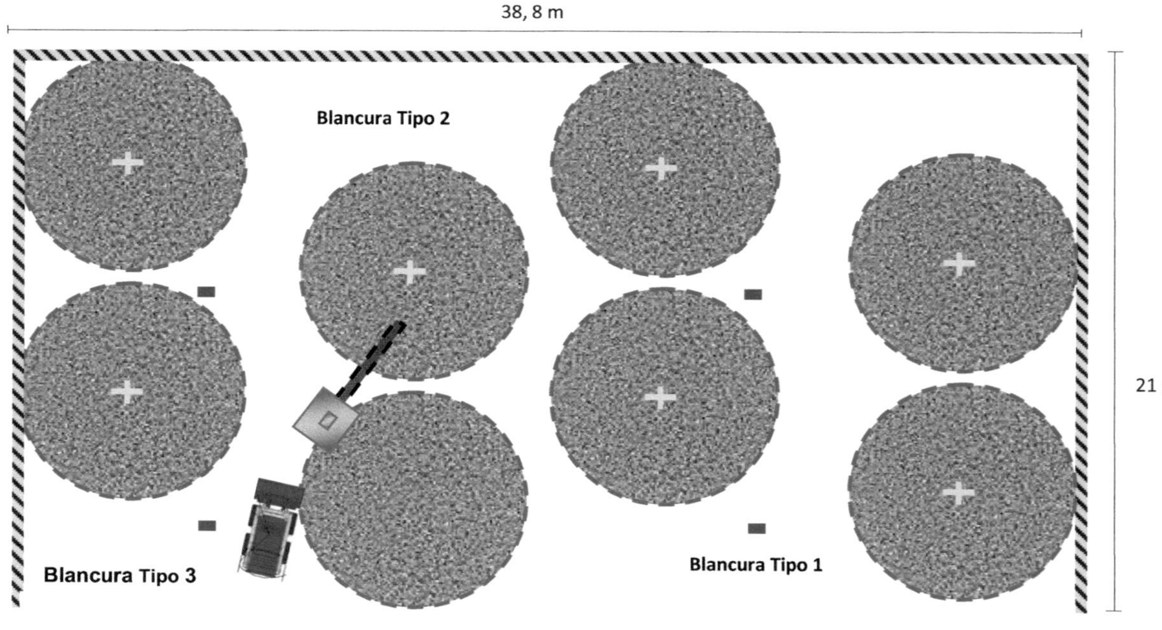


**Figura 13**: Almacenaje con remonte (Almacén 1)

En la **Figura 14** se muestra la demarcación en color amarillo donde quedara posicionada la zona de descarga de la banda transportadora para realizar una descarga a 3 m de altura en el almacén 1.

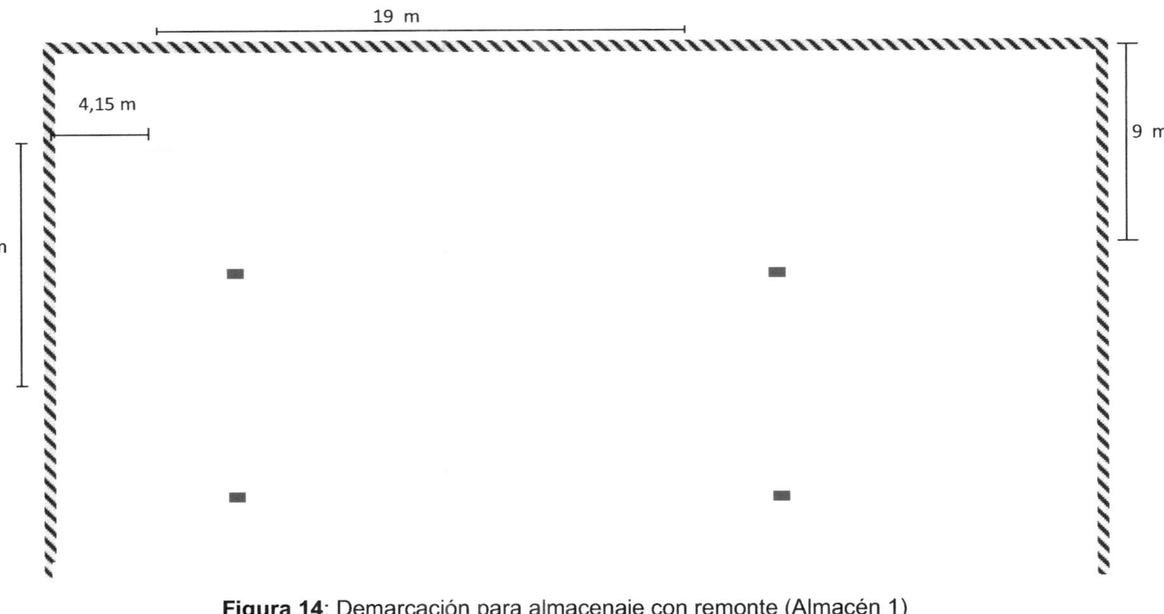



**Figura 14**: Demarcación para almacenaje con remonte (Almacén 1)
*Capacidad de almacenamiento (Almacenaje con remonte):* 92.898 Kg/ruma x 8 rumas= **743.184 kg**

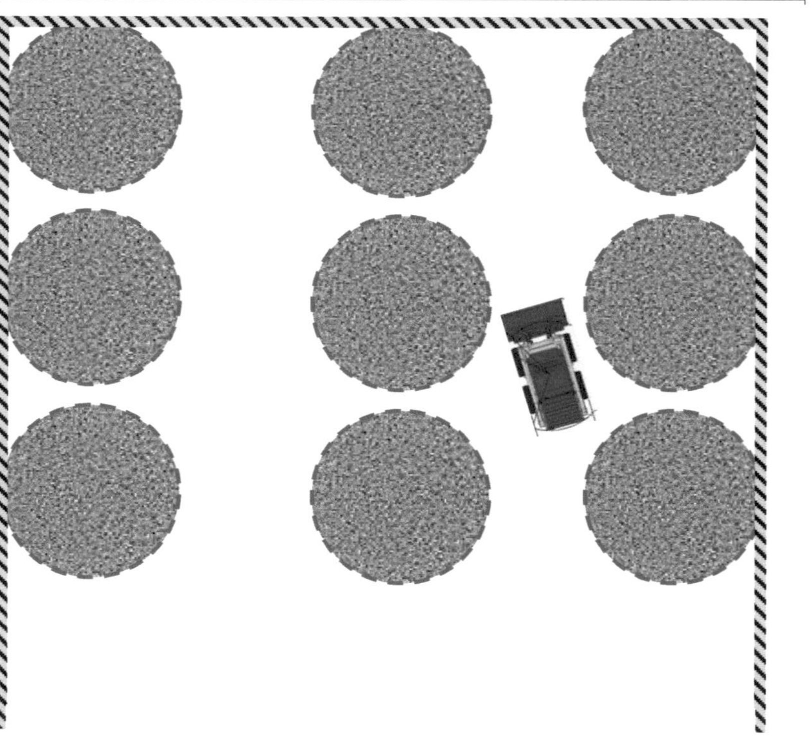


**Figura 15**: Almacenaje con descarga de camiones (Almacén 2)

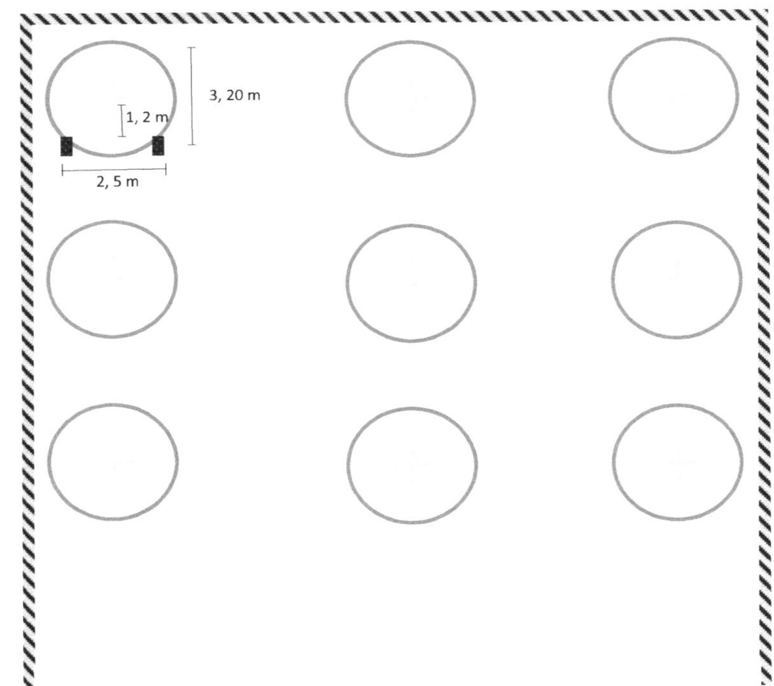


**Figura 16**: Demarcación guía para almacenaje (Almacén 2)
*Capacidad de almacenamiento (descarga de camiones):* 20.000 Kg/ruma x 9 rumas= **180.000 kg**

133

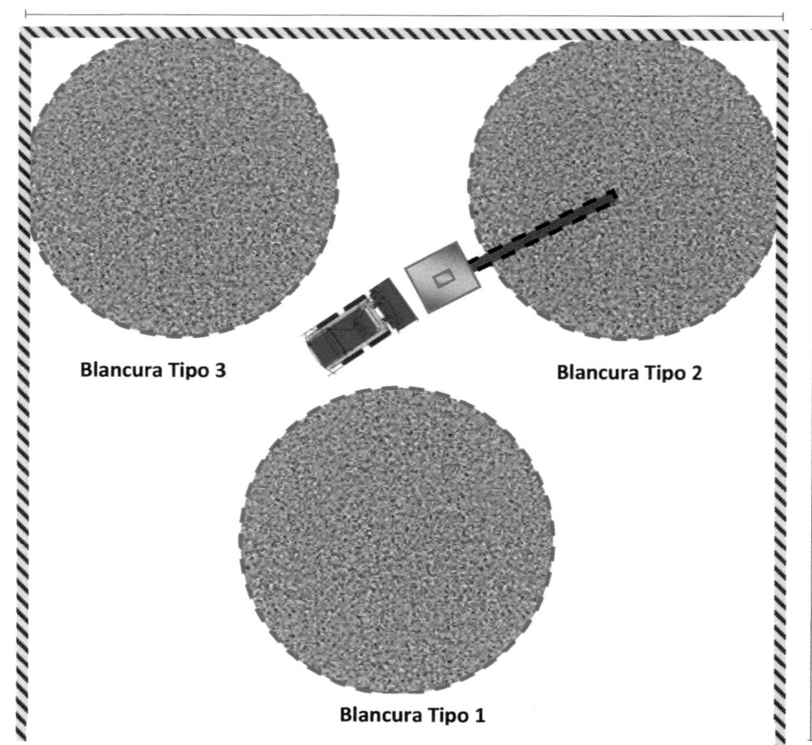


**Figura 17**: Almacenaje con remonte (Almacén 2)

**Figura 18**: Demarcación para almacenaje con remonte (Almacén 2)
*Capacidad de almacenamiento (descarga de camiones):* 92.898 Kg/ruma x 3 rumas= **278.694 kg**

135

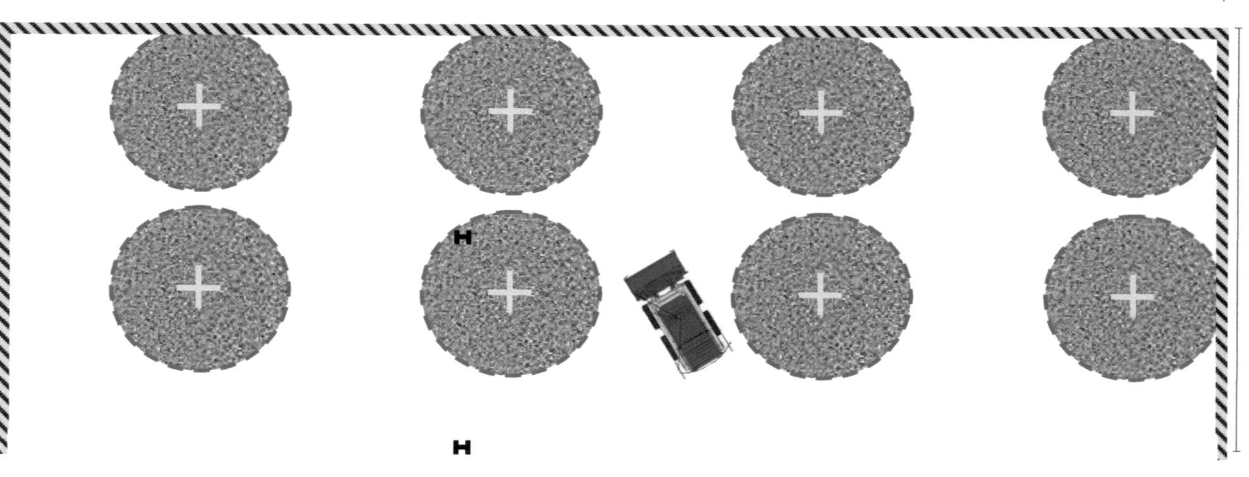



**Figura 19**: Almacenaje con descarga de camiones (Almacén 3)

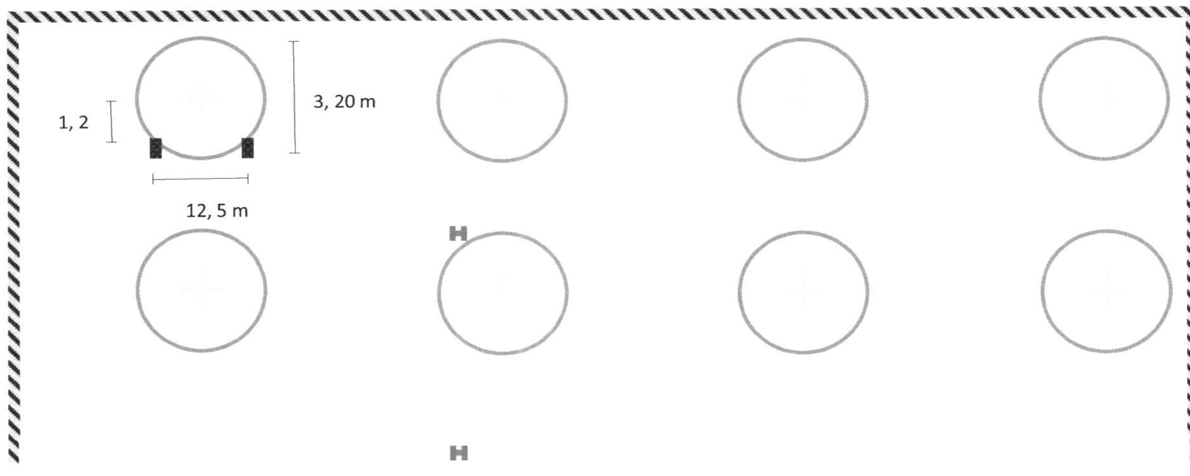


**Figura 20**: Demarcación guía para almacenaje (Almacén 3)

*Capacidad de almacenamiento (descarga de camiones):* 20.000 Kg/ruma x 8 rumas= **160.000 kg**

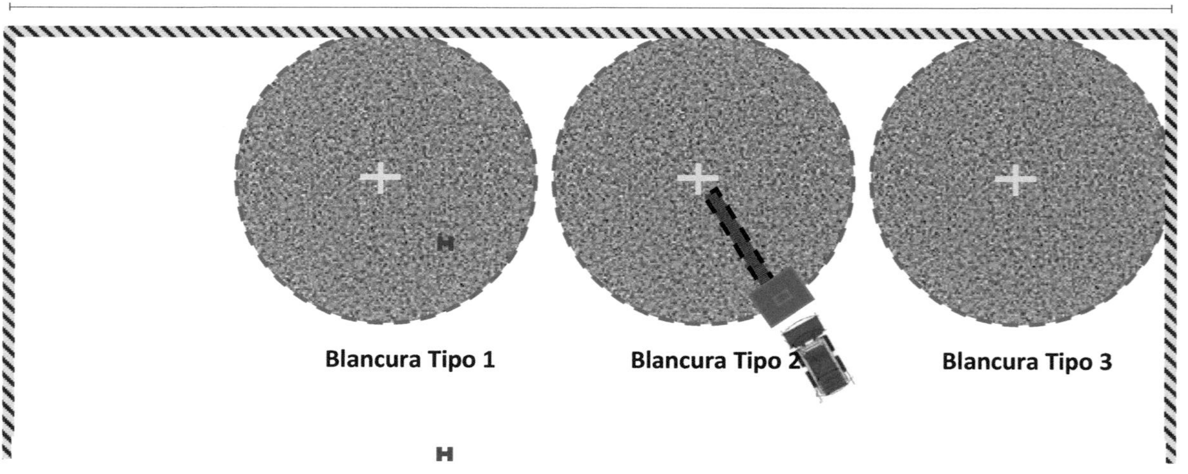



**Figura 21**: Almacenaje con remonte (Almacén 3)

**Figura 22**: Demarcación para almacenaje con remonte (Almacén 3)
***Capacidad de almacenamiento (descarga de camiones):*** 92.898 Kg/ruma x 3 rumas= **278.694 kg**

Con las distribuciones mostradas anteriormente se logra almacenar el material tomando en cuenta  el comportamiento estacional en la que se encuentre el suministro de materias primas, se podrá escoger las combinaciones que mejor se  adapten a  la  realidad. A continuación, en la **Tabla 27** se  muestra las cantidades de almacenamiento relacionado con el inventario requerido por la organización y además en la **Tabla 28** la capacidad de almacenamiento lograda con la propuesta..

**Tabla 27:** *Niveles de inventario requeridos por la empresa.*

|  | CM | TR(Días) | Stock Mínimo(Kg) | Stock Seguridad(Kg) | Stock Máximo(Kg) |
|---|---|---|---|---|---|
| Dolomita en piedra | 15.296 | 12 | 183.550 | 183.550 | 458.874 |
| Caliza en piedra | 26.044 | 12 | 312.530 | 312.530 | 781.326 |
|  |  |  | 496.080 | 496.080 | 1.240.200 |

**Tabla 28:** *Capacidades de almacenamiento con la propuesta.*

|  | Almacen1 | Almacen2 | Almacen3 | Total |
|---|---|---|---|---|
| Almacenaje con descarga de camión(Kg) | 400.000 | 180.000 | 160.000 | 740.000 |
| Almacenaje con remonte(Kg) | 743.184 | 278.694 | 278.694 | 1.300.572 |

Se puede apreciar que  el almacenamiento máximo que se requiere para la producción  promedio de carbonato de calcio demandada   a la organización es de 1.240 Tm y la capacidad que puede ser almacenada por medio de remonte de material es de 1.300 Tm, por lo que se estaría cubriendo el inventario máximo requerido. Además, con la implementación del nuevo método de recepción de materias primas a través de la demarcación del suelo para la descarga directa de los camiones volteo se logra almacenar 740 Tm, esta se encuentra  por encima del  requerido tomando en cuenta el  respectivo inventario de seguridad.

**Beneficios:**

✓ Control de inventario:

- Manejo por separado de las recepciones de materia prima.

- Facilita la realización del inventario con el método de análisis geométricos de los montículos. (Ver **Anexo N°2**)

✓ Eliminación de gastos por alquiler de payloader para remonte de material

✓ Posibilita consumo de materiales con la metodología FIFO.

✓ Mayor aprovechamiento de los espacios.

## 5.2. Propuesta 2: Dispositivo para la eliminación de levantamientos de carga (manipulador de sacos).

Se plantea esta propuesta tomando en cuenta el análisis realizado a los elementos que conforman el Diagrama Causa-Efecto y posteriormente, los resultados obtenidos a través de la metodología ESIDE y el método REBA.

La mano de obra es uno de los elementos que influyen sobre la problemática actual de la empresa, generando condiciones que provocan fatiga, desperdicio que impide el incremento de la productividad. A través del método ESIDE se pudo analizar con más detalle el impacto que tiene este elemento sobre el indicador **condiciones disergonómicas**, dando como resultado un total de 35 puntos, como se puede observar en la tabla de alcance, lo suficiente para ser tomado en cuenta para las siguientes etapas del método, en las cuales de llegó a la conclusión que el desperdicio mencionado anteriormente es generado por los movimientos de 5to orden y manipulación de carga por parte de los operarios. Asimismo, a través de la implementación del Método REBA en las actividades que forman parte del proceso de ensacado y paletizado, se obtuvo como resultado un nivel de riesgo de 13 puntos en una escala de 0 – 15, recomendando una intervención urgente e inmediata por parte de la organización para resguardar la salud laboral y el bienestar de los operadores.

Partiendo de estos resultados se plantea, a través de un dispositivo para la manipulación de sacos, reducir el impacto de carga que existe actualmente en los operarios que realizan las actividades que forman parte del área de ensacado y paletizado, ya que en dichas actividades el operario debe cargar 50 sacos de 25 Kg aproximadamente para completar una paleta. A través del dispositivo no solo se eliminarán los levantamientos de carga sino también las posturas como: flexión del tronco y brazos. Asimismo, se disminuye el riesgo de hernias y lesiones en la zona lumbar de los operarios. Además, se mejora el proceso de traslado del saco desde la ensacadora hacia la balanza donde se chequea el peso del mismo y posteriormente a la paleta, ya que éste dispositivo estará soportado por una columna fijada al suelo mediante spits y una zona de trabajo de 270° alrededor de la columna permitiendo el traslado de las cargas de un lugar a otro con facilidad.

El dispositivo para la manipulación de sacos es un equipo diseñado especialmente para manejar cargas pesadas con un mínimo de esfuerzo por parte del operario, trabaja con una motobomba capaz de succionar la carga para luego transportarla. Asimismo, permite al operario realizar su trabajo con facilidad, con ergonomía integrada y sin obstrucción del espacio. El manipulador de sacos cuenta con una bomba 220/380V trifásico, Potencia: 3,3 KW, IP55 Y ATEX de vacio SIEMENS de alta producción, diseñada para realizar el levantamiento de cargas que se encuentran en un rango de 15 Kg a 75 Kg, estas especificaciones garantizan que la bomba califica para realizar la actividad con el saco de 25 Kg en el área de ensacado sin exponerla a daños, ya que este peso se encuentra dentro de sus capacidades; también cuenta con una columna principal de elevación con junta que le permitirá girar 270°, con la finalidad de satisfacer las necesidades de manipular los sacos y trasladarlos a donde sea necesario; su altura será de 3 m, ya que estará ubicado frente a el área de ensacado y ésta no permite la incorporación de equipos con alturas mayores a la mencionada, el sistema de suspensión contará con un alcance de 2,30 m ya que el espacio está limitado por otras estructuras, sin embargo, podrá cubrir con facilidad el área; la columna principal estará ubicada en el centro del área total de ensacado-paletizado, específicamente a 1 m del espacio destinado para las paletas, de manera que pueda colocar los sacos en ellas sin realizar mayor traslado. Asimismo, cuenta con amarres de ventosas rectangulares intercambiables, ganchos y un mando ergonómico de elevación/descenso automático y rotativo con carga variable (como una moto).

A continuación, se muestran las características más detalladas del dispositivo, (ver Figura 23 y Figura 24).

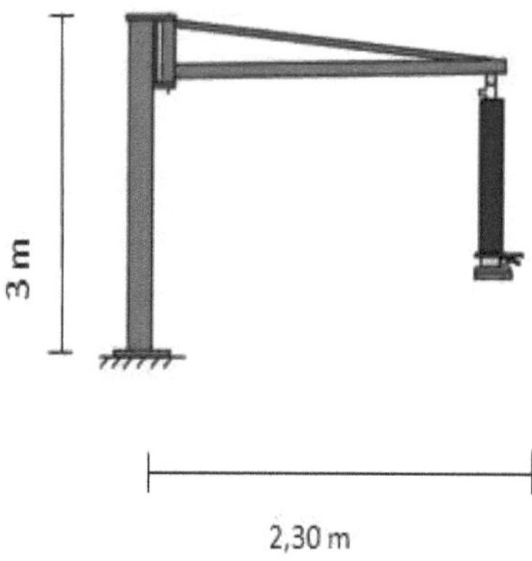


**Figura 23**: Dispositivo manipulador de cargas.

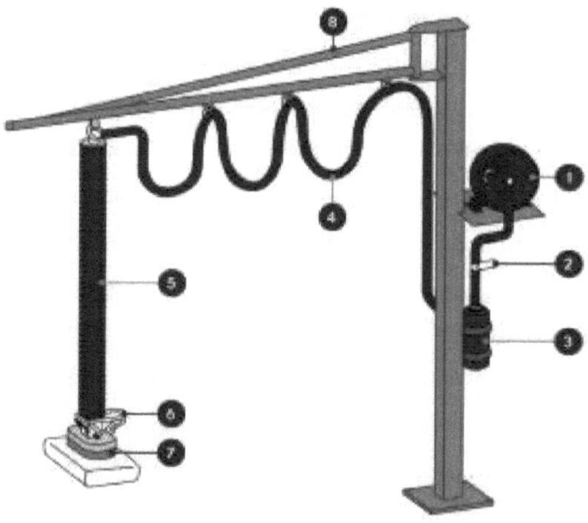

**Figura 24**: Elementos que componen el dispositivo manipulador de cargas

**El manipulador está compuesto por:**

- **1. Grupo de vacío, con un nivel sonoro de 74 dB, índice de protección IP 55.**

El accionamiento de la turbina se realiza directamente a través del motor mediante un engranaje, sin necesidad de correa u otros sistemas de transmisión, lo cual simplifica su funcionamiento, reduce su nivel sonoro, disminuye las averías, y no precisa mantenimiento eléctrico o mecánico. Alimentación del motor: 380V trifásico. Potencia: 3,3KW IP 55.

- **2. Válvula especial de alivio de vacío (VRV-VPAS)**

Esta válvula protege la turbina frente a sobrecargas. Esta válvula regula el flujo de aire para asegurar que la bomba de vacío está refrigerada frente sobrepresiones negativas.

- **3. Filtro anti partículas**

Filtro especialmente diseñado para evitar la entrada de partículas o cuerpos extraños en la turbina.

- **4. Tubo de alimentación de vacío (VHSB)**

Tubo especial flexible para la conducción de vacío desde la turbina al tubo de elevación.

- **5. Tubo de elevación flexible**

Tubo de elevación flexible con un diámetro determinado por la carga y tipo de producto a manipular, el cual permite la elevación de la carga y proporciona el recorrido en vertical del producto.

- **6. Sistema de mandos**

Especialmente diseñado para compensar de forma fácil, cómoda y segura la altura del manipulador con y sin carga.

- **7. Sistema de ventosas**

Implemento de ventosas especialmente diseñado, según la carga, la porosidad y el tipo de producto a manipular.

- **8. Sistema de suspensión**

Los diferentes sistemas de suspensión tales como: Pluma con pie, pluma mural o sistema de puente ligero, permiten que el manipulador abarque un amplio radio de trabajo.

Su funcionamiento se da de la siguiente manera: La bomba de vacío conectada al tubo central rotatorio de elevación hace el vacío desde que las ventosas están en contacto con el saco a elevar y automáticamente a través del mando rotativo se eleva. Se traslada al lugar deseado o se deja en suspensión según necesidad. Por último, el dispositivo cuenta con una palanca bajo el mando que le permite soltar la carga.

Beneficios:

✓ Mejora las condiciones de trabajo de la empresa:

En la actualidad existen actividades que ocasionan fatiga tanto mental como física, que al prolongarse a través del tiempo tienen un impacto negativo en el área de trabajo y por ende afecta la productividad de la empresa, al eliminar estas actividades que no forman parte del proceso normal de producción se mejora el ambiente de trabajo, el bienestar y salud laboral de los operarios y por ende, mejora la empresa.

✓ Aumento de la capacidad de producción, por reducción del tiempo de las actividades donde se manipulan los sacos:

Actualmente, se han reportado incidentes al momento de realizar los levantamientos de cargas, debido a posturas y agarres inadecuados los cuales ocasionan productos defectuosos, es decir, sacos rotos y esto genera paradas, reproceso y retrasa la producción pautada para la jornada. Al eliminar el contacto directo del operario con el saco (una vez lleno), se logra una manipulación del mismo de forma segura, eliminando los daños que pudieran ocasionarse en la carga si esta se cae, así como también una ejecución más rápida y fácil al momento de su traslado.

✓ Reducción de movimientos repetitivos y riesgos disergonómicos en el área de ensacado-paletizado:

En la actualidad, en esta área se realizan actividades donde los operarios adoptan diferentes posturas como: flexión del tronco, cuello y piernas, agarre inadecuado del material al momento de llenar, pesar. Con la propuesta se elimina en un 100% estas posturas inadecuadas.

✓ Reducción del riesgo de sanciones por parte del INPSASEL.

En la siguiente tabla se muestra la inversión necesaria para esta propuesta:

**Tabla 29:** *Inversión necesaria para la propuesta 2*

| Descripción | Cantidad | Precio Unitario | Total (Bs) | Fuente | Fecha |
|---|---|---|---|---|---|
| Motor siemens 220/380V trifásico, Potencia: 3,3 KW, IP55 Y ATEX de vacio | 1 | 1.997.700 | 1.997.700 | Milanuncios.com | 29/11/16 |
| Válvula especial de alivio de vacío (VRV-VPAS) | 1 | 17.200 | 17.200 | Insumaca C.A | 29/11/16 |
| Filtro anti partículas | 1 | 139.256 | 139.256 | Filtros Ceta | 29/11/16 |
| Tubo de alimentación de vacío (VHSB) | 1 | 108.000 | 108.000 | Corporación Platinum C.A | 29/11/16 |
| Sistema de mandos | 1 | 160.500 | 160.500 | Transmisiones Maica, C.A | 29/11/16 |
| Sistema de ventosas | 1 | 113.500 | 113.500 | Corporación Industrial Sun | 29/11/16 |
| Sistema de suspensión (vigas de acero inoxidable 2 m de largo) | 4 | 8.000 | 32.000 | Vigasmil II C.A | 29/11/16 |
| implementación | 1 | 150.000 | 150.000 | Mano de obra calificada | 29/11/16 |

| TOTAL | | | 2.718.156 | | |
| --- | --- | --- | --- | --- | --- |

Se estima que el tiempo para la instalación del dispositivo será de 1 día. La empresa produce 9 Ton diarias, de los cuales un 10% es Talco y el resto es Carbonato de Calcio. El precio de venta varia para ambos productos, dado que la materia prima que se utiliza para producir talco (silicato de magnesio) es más costosa por ser del exterior, es por ello que el precio de venta de este producto es más elevado, este es de 3.100.000 Bs/Ton, el precio de venta del Carbonato de Calcio es de 130.000 Bs/Ton. Sumando a esto los sueldos y salarios de trabajo se le sumará a la inversión inicial la cantidad de 3.843.000 Bs para un total de inversión de 6.561.156 Bs.

## 5.3. Propuesta 3: Dispositivo para la eliminación de posturas inadecuadas adoptadas por los operarios (Mesa Hidráulica Ergonómica).

A continuación se plantea un dispositivo que permitirá atacar la situación presente al momento de paletizar. Los movimientos repetitivos y prolongados, las posturas inadecuadas adoptadas por los operarios, los levantamientos de carga, son factores que también se encuentran presentes al momento de colocar los sacos en la paleta, ya que esta se encuentra en el piso. Estos factores forman parte de la mano de obra, elemento analizado a través del diagrama causa efecto y posteriormente con la metodología ESIDE, logrando identificar que existen *condiciones que provocan fatiga* al momento de realizar la operación de paletizado y que este es un desperdicio que afecta la productividad de la empresa. De igual manera se toman en cuenta los resultados obtenidos a través del Método REBA aplicado en el área de paletizado, los cuales arrojaron un valor de 13 puntos en una escala

149

de 0 – 15 calificando esta operación con un nivel de riesgo muy alto y recomendando la intervención inmediata y necesaria por parte de la organización.

Partiendo de estos resultados se propone la implementación de una mesa hidráulica ergonómica en la zona destinada para la colocación de las paletas. Es importante resaltar que el dispositivo manipulador de sacos permite el levantamiento y traslado del saco en toda el área de ensacado-paletizado, pero aunque este dispositivo cuenta con la posibilidad de llegar hasta el piso, no es precisamente lo que se desea, ya que se busca eliminar las posturas inadecuadas (flexión del tronco) adoptadas por parte del operario, además tampoco se puede dejar caer el saco en la paleta, ya que podría ocasionar daños en el saco derramando su contenido. Teniendo en cuenta esto, se plantea colocar la mesa ergonómica en el área de paletizado para que opere en conjunto con el manipulador de cargas. Se colocará la paleta encima de la mesa antes de comenzar el paletizado, esta mesa contará con un sistema hidráulico que le permitirá elevarse a una altura de 1 m, suficiente para poder colocar el saco con la ayuda del manipulador de cargas. Una vez colocada la paleta en la mesa, se procede a colocar los sacos y esta, a través de un control de botones (subir/bajar) comenzará a bajar a medida que se vaya realizando el paletizado hasta que se complete la cantidad de sacos que posee la paleta y esta, para ese momento, se encontrará en el piso.

Una vez puesta la paleta sobre la mesa ergonómica, esta podrá alcanzar una altura máxima de 1,10 m que permitirá al operario realizar el paletizado sin necesidad de hacer ningún tipo de flexión del tronco al momento de comenzar a colocar los sacos sobre la paleta. Las dimensiones de la paleta y la mesa ergonómica son: 1,20 m x 1 m y 1,60 m x 1,33 m respectivamente, esta holgura entre la paleta y la mesa es para evitar que queden exactamente con las mismas medidas de manera que se pueda garantizar una mejor estabilidad de la paleta si esta es movida o tropezada durante el proceso de paletizado.

**La mesa hidráulica ergonómica cuenta con las siguientes partes:**

- **La base:** fuerte, rígida y estable, diseñada para soportar el resto del montaje. **Figura 25**.

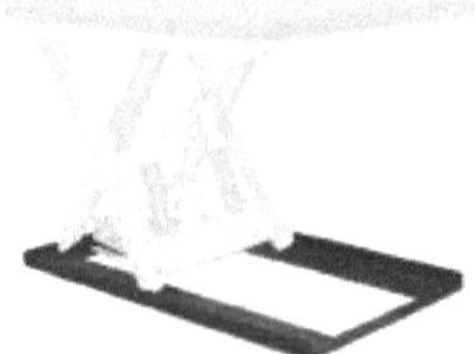

**Figura 25***:* Base de la mesa hidráulica ergonómica.

- **Las tijeras:** proporcionando un movimiento vertical y preciso mientras soportan la plataforma. Cada par de tijeras están conectadas mediante ejes en el punto central de unión y en los extremos superior e inferior. **Figura 26**.

**Figura 26***:* Tijeras de la mesa hidráulica ergonómica.

- **La plataforma:** Contará con las dimensiones de la base: 1,60 m x 1,33 m. Estará equipada con caminos de rodillos, esto con la finalidad de facilitar el deslizamiento de la paleta una vez que este cargada. **Figura 27.**

**Figura 27:** Plataforma de la mesa hidráulica ergonómica.

- **El grupo hidráulico:** consiste en un motor eléctrico, una bomba hidráulica, un tanque hidráulico, cilindro hidráulico, tuberías, válvulas y un sistema eléctrico de control. Cuando se pulsa el botón SUBIR, la bomba empuja el fluido del tanque a los cilindros provocando que el pistón se mueva. El pistón esta mecánicamente unido a las tijeras causando la elevación de la plataforma. La válvula de seguridad ubicada en el circuito hidráulico entre la bomba y el cilindro evita que el fluido retroceda para que de esa forma la plataforma se mantenga a la altura en la que se encuentre cuando el botón SUBIR es soltado. Cuando el botón BAJAR es presionado, la electroválvula se abre, permitiendo así que el fluido retorne al tanque. El motor no funciona cuando la plataforma es bajada. El peso de la plataforma combinado con la gravedad genera presión en el cilindro retornando el fluido al tanque. La válvula de control de flujo VE 25 puede ser ajustada para proporcionar la velocidad de bajada deseada. Cuando el botón

BAJAR es soltado, la válvula de seguridad se cierra y la mesa se mantiene a esa altura. El sistema de válvulas evita que la mesa se baje en caso de fallo de la energía. **Figura 28**.

**Figura 28**: Grupo hidráulico para la mesa ergonómica.

A continuación, en las **Figuras 29 y 30** se presentan las dimensiones del dispositivo.

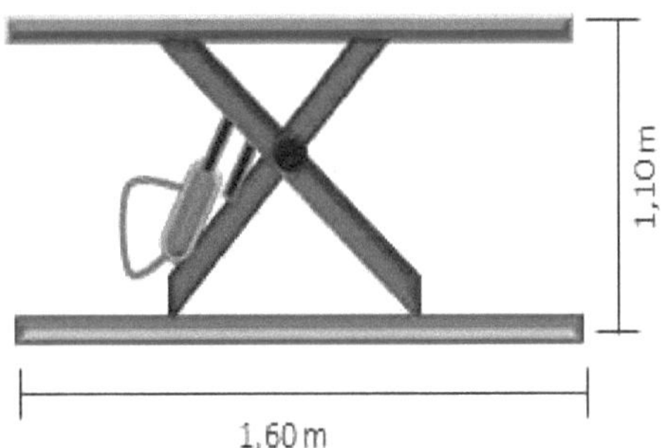


**Figura 29**: Dimensiones de la mesa hidráulica ergonómica

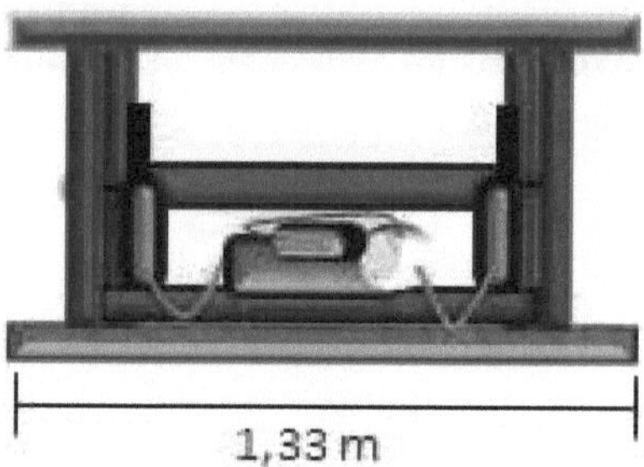


**Figura 30**: Vista lateral y dimensiones de la mesa hidráulica ergonómica.

Beneficios:

En todos los sectores industriales hay una continua necesidad de elevar y posicionar piezas y materiales. Si se pide al operario que las levante y posicione sin la ayuda de un equipamiento mecánico, el resultado puede variar de la fatiga y baja productividad a los graves accidentes de trabajo. Entre estos dos extremos como consecuencia del levantamiento repetitivo de pesos y las posturas incómodas están lesiones como los dolores lumbares y el síndrome del túnel carpiano. Este dispositivo brinda una solución ideal para los problemas de alzado y posicionado de cargas, así como también:

✓ Reducción de movimientos repetitivos y riesgos disergonómicos en el área paletizado:

Actualmente el operario debe flexionar por completo el troco mientras realiza el levantamiento de carga, esto para colocar el saco en la paleta, con la ayuda del dispositivo, se elimina este movimiento, ya que la mesa estará a la altura necesaria para que el operario pueda colocar el saco sin necesidad de realizar movimientos inadecuados.

✓ Se contribuye con el mejoramiento continuo de la empresa

✓ Se eliminan las actividades que ponen en riesgo la salud laboral y el bienestar de los operarios.

✓ Reducción del riesgo de sanciones por parte del INPSASEL.

La inversión necesaria para implementar esta propuesta se muestra en la siguiente tabla:

**Tabla 30***: Inversión necesaria para la implementación de la propuesta 3*

| Descripción | Cantidad | Precio Unitario | Total (Bs) | Fuente | Fecha |
|---|---|---|---|---|---|
| Vigas para base (2 m largo) | 4 | 8.000 | 32.000 | Vigasmil II C.A | 29/11/16 |
| Tijeras | 1 | 95.998 | 95.998 | Todo Suspensión Ramse C.A | 29/11/16 |
| plataforma | 1 | 199.500 | 199.500 | Todo Suspensión Ramse C.A | 29/11/16 |
| Grupo hidráulico | 1 | 580.000 | 580.000 | Metro Tech, S.A | 29/11/16 |
| implementación | 1 | 150.000 | 150.000 | Mano de obra calificada | 29/11/16 |
| TOTAL | | | 1.057.498 | | |

Se estima que el tiempo para la instalación y prueba del dispositivo será de 2 turnos, 8 horas/turno. La empresa produce aproximadamente 3 ton/turno, de los cuales un 10% es Talco y el resto es Carbonato de Calcio. El precio de venta varía para ambos productos, dado que la materia prima que se utiliza para producir talco (silicato de magnesio) es más costosa por ser del exterior, es por ello que el precio de venta de este producto es más elevado, este es de 3.100.000 Bs/Ton, el precio de venta del Carbonato de Calcio es de 130.000 Bs/Ton. Tomando en cuenta los sueldos y salarios de trabajo se le sumará a la inversión inicial la cantidad de 2.562.000 Bs para un total de inversión de 3.619.498 Bs.

## 5.4. Propuesta 4: Diseño de un cernidor de materia prima para disminuir el tiempo de procesamiento de materia prima.

Otro de los desperdicios que impiden el aumento de la productividad es la velocidad reducida, asociada a los equipos y herramientas que forman parte del proceso de producción. A través del diagrama Causa-Efecto se pudo analizar con detalle la influencia que tienen los equipos utilizados durante las jornadas de trabajo, llegando a la conclusión que actualmente existen tiempos de procesamiento muy elevados en las actividades de cernido de materia prima. Asimismo, se tomó en cuenta los resultados obtenidos con el método ESIDE, donde se realizo un análisis del desperdicio ***velocidad reducida*** mostrando que este tiene el mayor impacto de todos los otros factores estudiados, con un total de 67 puntos, como se puede observar en la tabla de alcance y posteriormente indicando que la principal causa de este desperdicio viene dada por las irregularidades en el diseño que posee el cernidor de materia prima.

En la actualidad la empresa está operando con un dispositivo improvisado, es decir, su fabricación se llevó a cabo sin antes realizar un estudio de las especificaciones del material que se va a cernir en el mismo ( Dolomita y Caliza), por ende, uno de los factores que afecta es el ángulo de inclinación que posee el actual cernidor el cual es de 18° ya que es una de las causas por la cual el proceso de cernir consume aproximadamente 38 min, este es el tiempo que tarda en cernir una cantidad de 365 Kg de material, es decir, una palada tomada por el mini-showell, retrasando así las operaciones siguientes. Otra de las causas que genera este tiempo elevado de procesamiento son las características del cernidor, el cual no se encuentra en posición estable inclinándose hacia un lado, su corta longitud (L= 3,40 m) no es la adecuada para realizar un completo desplazamiento del material y lograr el tamizado del mismo; además su altura es de 2,60 m y sobrepasa la altura máxima del mini-showell impidiendo que este descargue material en el extremo superior del cernidor para que se desplace completamente por la malla sino que deba hacerlo desde la mitad, a una altura que el equipo usado para alimentar pueda alcanzar.

Tomando en cuenta estas premisas se plantea el diseño de un cernidor cuyo objetivo principal es reducir el tiempo de procesamiento de materia prima y permitir, a través de sus dimensiones, el uso adecuado de los equipos que también intervienen en el proceso de tamizado como el mini-showell. Este dispositivo contará con una altura de 2,30 m (extremo superior) y 1,20 m (extremo inferior) para lograr, de esta manera, un uso adecuado del mini-showell al realizar una alimentación del material a tamizar menos forzada de su parte. Contará con un ángulo de inclinación de 27° para facilitar el desplazamiento del material en la malla. Con estas dimensiones se logra que la descarga de material en el cernidor se lleve a cabo desde su extremo superior y no desde un costado como se hacía antes; estas especificaciones, en conjunto con su nueva longitud (L= 4 m), permitirán un mejor aprovechamiento de toda la malla y que el material tenga más longitud para desplazarse y tamizarse por completo. Para su fabricación se utilizarán materiales como vigas para la construcción de los cuatro pilares y soportes, así como también para fabricar la base donde va a reposar la malla, un motor Siemens con una potencia de 11 KW, (HP= 11KW/0,746=14,76) que permite la vibración adecuada y el movimiento de vaivén en la malla para evitar el taponamiento de la misma por parte de los granos catalogados como "tamaño cercano" y garantiza el funcionamiento continuo del proceso de tamizado; también cuenta con elementos de sujeción: tornillos, tuercas, soldaduras, arandelas, ejes, poleas, 4 resortes fabricados con alambres de acero y una malla para el cribado. Ver **Figuras 31 y 32**.

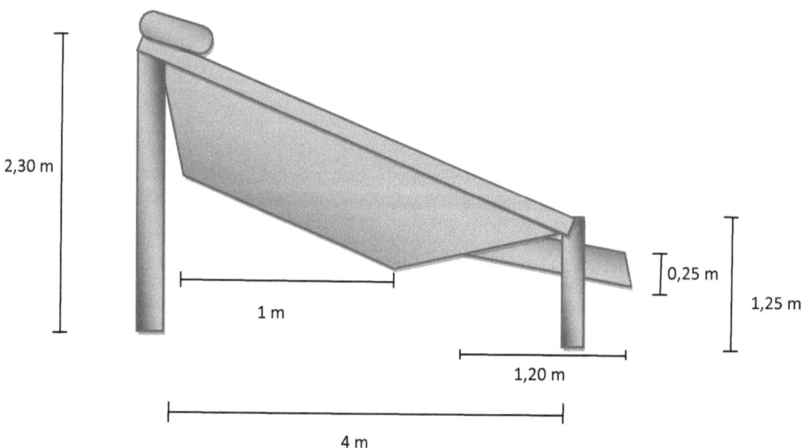


**Figura 31**: Diseño de un cernidor de materia prima

158

Figura32: Estructura, resortes y malla tamizadora.

**Elementos que conforman el cernidor de materia prima:**
1. Vigas doble T: para elaborar la estructura del cernidor.
2. Láminas de acero: para fabricar la caja tamizadora con soldaduras en sus uniones y con las vigas.
3. Ganchos: para sujetar los big bac
4. Motor: Siemens con una potencia de 11 KW, (HP= 11KW/0,746=14,76).
5. Malla: para realizar la clasificación.
6. Varillas: están sujetas con tornillos, tuercas y arandelas a las vigas con la finalidad de brindar estabilidad y rigidez a la estructura.
7. Caudal de salida con base plana: conectado a través de soldadura a la caja tamizadora, diseñado para la salida del material que se desea luego de la separación.
8. Tornillos, tuercas y arandelas
9. Resortes de alambres de acero: Para dar un movimiento de vaivén a la caja tamizadora y permitir que el material alimentado en el extremo superior avance hacia delante de la criba.

Beneficios:

✓ Aumento de la capacidad de producción con la reducción de los tiempos de procesamiento de materia prima:

Se estima reducir el tiempo de procesamiento actual de 38 min a 2 min aproximadamente, en virtud de que se cuenta con un motor cuya potencia garantiza la vibración adecuada para agilizar el proceso y además, la nueva longitud y ángulo de inclinación del cernidor permitirán un completo desplazamiento del material sobre la malla, logrando así un tamizado más rápido.

✓ Mejor aprovechamiento de los equipos que se utilizan durante el proceso

✓ Eliminar riesgos de accidentes laborales:

En la actualidad este dispositivo no opera de forma segura al no contar con una estructura estable. Con la nueva propuesta se plantea la fabricación de un dispositivo adecuado tomando en cuenta las dimensiones necesarias para que este opere de forma segura y resguardar la vida de los operarios que intervienen durante el proceso, así como también eliminar daños posibles en otros equipos.

**Tabla 31:** *Inversión necesaria para la implementación de la propuesta 4*

| Descripción | Cantidad | Precio Unitario | Total (Bs) | Fuente | Fecha |
|---|---|---|---|---|---|
| Motor: Siemens con una potencia de 11 KW, (HP= 11KW/0,746=14,76) | 1 | 854.800 | 854.800 | Star Motors C.A | 29/11/16 |
| Vigas doble T (5 m largo) | 4 | 18.900 | 75.600 | Corporacion Platinum C.A | 29/11/16 |
| Tolva acero comercial (A36) | 1 | 275.850 | 275.850 | Vectorial-Q, S.A | 29/11/16 |
| cabilla rectangular 2m largo; 1,5 ' | 1 | 9.500 | 9.500 | Ferretotal | 29/11/16 |
| Malla tamizadora (3,40m x 1,30m) | 1 | 138.000 | 138.000 | Corporacion Platinum C.A | 29/11/16 |
| Varillas de acero inoxidable (2 m largo) | 4 | 11.500 | 46.000 | Ferretotal | 29/11/16 |
| Bolsa de tornillos con tuercas y arandelas | 1 bolsa | 8.500 | 8.500 | Valcro C.A | 29/11/16 |
| Resortes de alambres de acero | 4 | 2.580 | 12.320 | Solo Metales C.A | 29/11/16 |
| Implementación | 2 operarios | 125.000 | 250.000 | Mano de obra calificada | 29/11/16 |
| **TOTAL** |  |  | **1.670.570** |  |  |

Se estima que el tiempo para la instalación del dispositivo será de 1 día. Sin embargo, durante este tiempo la empresa seguirá operando con el cernidor actual hasta tanto esté listo el nuevo tamizador, por lo tanto, la empresa no perderá la ganancia de un día. Finalmente se tiene un total de inversión de 1.670.570 Bs.

## 6. EVALUACIÓN ECONÓMICA

Para llevar a cabo la evaluación económica de este proyecto se tomó en cuenta el beneficio que acarrean las propuestas de mejoras planteadas y los costos asociados a cada una de ellas. El aumento de la capacidad de producción, la reducción de los tiempos de procesamiento de materia prima, el mejoramiento de las condiciones de trabajo, la reducción de los movimientos disergonómicos y los levantamientos de carga por parte de los operarios, forman parte de los beneficios para la empresa.

Las propuestas planteadas con la finalidad de aumentar la productividad de los procesos de molienda de minerales no metálicos en la empresa CAM C.A, son las siguientes:

- Propuesta 1: Reacondicionamiento de almacenes de materia prima.
- Propuesta 2: Dispositivo para la manipulación de sacos.
- Propuesta 3: Mesa Hidráulica Ergonómica.
- Propuesta 4: Diseño de un cernidor de materia prima.

A continuación, se describen los beneficios asociados a cada una de las propuestas planteadas y posteriormente sus respectivos costos.

### 6.1. Cuantificación de los Beneficios.

Se planteó la propuesta 1 con el propósito de eliminar el producto defectuoso originado por las prácticas de almacenamiento. En el caso de las condiciones disergonómicas presentes en la empresa, se realizo el planteamiento de las propuestas 2 y 3, con el propósito de reducir los riesgos asociados con accidentes laborales y enfermedades ocupacionales. Asimismo, se planteó la propuesta 4 con la finalidad de aumentar la capacidad de producción y reducir los tiempos de procesamiento de materia prima, así como también atacar el desperdicio actual en la empresa, asociado a la velocidad reducida con la que se ejecuta la actividad de cernido. A continuación se describen los beneficios de estas propuestas.

## 6.2. Beneficios Asociados al mejoramiento de los espacios de almacenamiento de materia prima a granel.

Se realiza el planteamiento de acondicionar las áreas destinadas para recibir la materia prima a granel. Actualmente, la empresa cuenta con 5 almacenes donde se coloca el material lo más cerca posible entre ellos para minimizar el área de almacenaje utilizado, estas actividades se llevan a cabo a través de un payloader que realiza el remonte de material para aprovechar al máximo la altura de los almacenes. Esta modalidad ocasiona que los materiales se unan, de las recepciones durante el mes, en promedio son almacenadas 8 pares de rumas bajo estas condiciones (ruma conforme junto a ruma no conforme), en el mayor de los casos se produce una paleta completa de producto no conforme antes de darse cuenta del cambio en el parámetro de calidad del producto, generando así el siguiente material fuera de especificaciones (MFE):

$$1250 \text{ kg/par} * 8 \text{ pares/mes} = 10.000 \text{ kg/mes} * 1 \text{ mes/22 días} * 1 \text{ día/3 turnos} = 151,51 \text{ kg}$$

Esta cantidad de material se genera porque se une materia prima fuera de especificaciones (oscura) con material conforme (bueno). La empresa no cuenta con la maquinaria para realizar las operaciones antes mencionadas, lo que conlleva al alquiler del payloader por una suma de 12.580.000 Bs/año.

Con la implementación de esta propuesta se espera eliminar el costo en el que incurre la empresa por causa de alquilar la maquinaria, ya que se implementará una cinta transportadora móvil que permitirá remontar la materia prima a una altura de 3 metros incrementando la capacidad de almacenamiento en las áreas; además, se elimina la cantidad de producto defectuoso proveniente del contacto de las materias prima conforme y no conforme.

El beneficio por parte de la eliminación del desperdicio es el siguiente:

151,51 Kg/turno  * 130 Bs/Kg * 3 turnos/día * 22 días/mes

1.299.955,8 Bs/mes.

Sumando el ahorro por no alquilar payloader se tiene:

Costo Payloader:

833.333,33 Bs/mes.

Para ahorrar una suma total de:

**2.133.289,13 Bs/mes.**


## 6.3. Beneficios Asociados a la reducción de riesgos disergonómicos.

En este caso se planteó la fabricación e implementación de dos dispositivos, un manipulador de cargas para realizar las actividades donde se debe trasladar un saco de 25 Kg, desde la ensacadora hasta la balanza y posteriormente el área de paletizado, y una mesa hidráulica ergonómica con la finalidad de colocar la paleta encima de esta a una altura adecuada que evite al operario realizar flexión del tronco. Los beneficios proporcionados por estas propuestas para reducir los riesgos disergonómicos se centran en evitar la contratación de un nuevo personal en la planta por el hecho de incapacitar alguno de los trabajadores que actualmente laboran en el área de ensacado-paletizado.

En los últimos 5 años se han lesionado 4 operarios de planta, lo que indica:

4 operarios lesionados/5 años = 0,8 operarios lesionados/año

≈1 operario/año

El beneficio viene dado por:

- Sueldos y salarios= 30.000 Bs/mes

- Cesta ticked= 40.000 Bs/mes

- Utilidades= 10.000 Bs/mes

- Vacaciones= 4275 Bs/mes

- Gastos recreacionales y otras actividades= 16.666 Bs/mes

Para un total de: **100.941 Bs/mes**

Esta cantidad representa lo que se ahorra la empresa al evitar la contratación de un nuevo operario como consecuencia de las condiciones actuales en las que están laborando los operarios.

**Beneficios adicionales**

Estos beneficios adicionales se centran en evitar multas por posibles accidentes de trabajo y enfermedades ocupacionales, que pudieran causar las actividades que ejecutan los trabajadores actualmente.

En este sentido, la empresa está propensa a adquirir multas debido a infracciones graves por incumplimiento del Artículo 119 de la Ley Orgánica de Prevención, Condiciones y Medio Ambiente de Trabajo (LOPCYMAT) que establece: Sin perjuicio de las responsabilidades civiles, penales, administrativas o disciplinarias, se sancionará al empleador o empleadora con multas de veintiséis (26) a setenta y cinco (75) unidades tributarias (U.T.).

La unidad tributaria (U.T) actual es de 177 Bs, dependiendo de la gravedad de la infracción, la empresa estaría en la obligación de pagar montos que se encuentran entre:

26 UT *177 Bs/UT = 4602 Bs /operario * 3 operarios = 13.806 Bs   y

75 UT*177Bs/UT   = 13275 Bs/operario * 3 operarios = 39.825 Bs.

Asimismo, el Artículo 130 de la  Ley Orgánica de Prevención, Condiciones y Medio Ambiente de Trabajo establece: *En caso de ocurrencia de un accidente de trabajo o enfermedad ocupacional como consecuencia de la violación de la normativa legal en materia de seguridad y salud en el trabajo por parte del empleador o de la empleadora, éste estará obligado al pago de una indemnización al trabajador, trabajadora o derechohabientes, de acuerdo a la gravedad de la falta y de la lesión.*

Por otra parte, según la gravedad de la infracción, el artículo 130 establece que se procederá con el cierre de la empresa hasta por cuarenta y ocho (48) horas. Durante ese lapso de tiempo la empresa deberá pagar todos los salarios, remuneraciones, beneficios sociales y demás obligaciones derivadas de la relación de trabajo, como si los trabajadores y las trabajadoras hubiesen cumplido efectivamente su jornada de trabajo.

En el caso de que se apliquen estas sanciones a la empresa, la misma perderá dos días de producción:

- Producción diaria: 9 Ton/día
- 10% de la producción es Talco, el resto es Carbonato de Calcio
- Precio Talco: 3.100.000 Bs/Ton
- Precio Carbonato de Calcio: 130.000 Bs/Ton

2 días * ((8,1 Ton cc/día *130.000 Bs/Ton cc) + (0,9 Ton t/día *  3.100.000 Bs/Ton t))
7.686.000  Bs

Sumando a esto los costos del personal:

854.000 Bs/ 22 días = 38.818,18 Bs/día * 2 días = 77.636,36 Bs.

Se tiene la cantidad de: 7.803.461,36 Bs.

En caso que estos eventos ocurran solo una vez durante todo el año ocasionando dichas sanciones, la cantidad total que la empresa ahorraría mensualmente sería, en promedio:

7.803.461,36  Bs/12 meses = **650.288,44 Bs/mes.**

**Nota:** este valor monetario representa un beneficio adicional que tendría la empresa en caso de recibir visitas de INPSASEL  y evitar las multas mencionadas, pero no se tomará en cuenta al momento de realizar el cálculo del tiempo de retorno de la inversión.

**6.4. Beneficios asociados al aumento de la capacidad y a la reducción de tiempos de procesamiento de materia prima elevados.**

Se realizó el planteamiento de rediseñar el dispositivo que en la actualidad se está utilizando para realizar el proceso de cernido de materia prima. Las características, especificaciones, dimensiones y equipos con los que se realizará el nuevo diseño de la criba permitirán no solo reducir el tiempo actual de cernido de material, sino aumentar la capacidad de producción por jornada.

La línea en estudio LP2 cuenta con un molino cuya capacidad de producción es de 9 paletas/ turno, ya que luego se debe realizar una limpieza del mismo y acondicionarlo para la producción siguiente. Debido al tiempo elevado de procesamiento por parte del cernidor (quien se encuentra etapas antes del proceso de molienda), en la actualidad solo se están produciendo 3 paletas/ turno. Con el nuevo dispositivo se estima reducir el tiempo de cernido de 38 min a 2 min aproximadamente, esto basándose en las características, equipos y diseño del tamizador, quienes capacitan al equipo para realizar la actividad  en menor tiempo.

Realizando el cernido en menos tiempo y usando el molino a su capacidad máxima, se lograrán producir 9 paletas/turno, es decir, 27 paletas/día.

- Una unidad de producción (paleta) se encuentra entre: 1 Ton a 1,25 Ton.

- 27 Paletas/día $\cong$ 27 Ton/día.

- Precio Carbonato de Calcio: 130.000 Bs/Ton

- Producción: Carbonato de Calcio

Cálculos:

- Carbonato: 130.000 Bs/Ton * 27 Ton/día = 3.510.000 Bs/día

Con el cernidor actual, y la producción de 9 paletas/día el total es de:

Total = 1.170.000 Bs/día.

Con la implementación del dispositivo se espera obtener un beneficio de:

2.340.000 Bs/día * 22 días = **51.480.000 Bs/mes.**


## 6.5. Costos asociados a cada propuesta

**Comparación entre el beneficio y los costos**

**Beneficio total:**

- **Propuesta 1**    : 2.133.289,13 Bs/mes
- **Propuesta 2 y 3:** 100.941 Bs/mes.
- **Propuesta 4**    : 51.480.000 Bs/mes
     Beneficio Total =  53.714.230,13 Bs/mes.

Teniendo en cuenta los siguientes gastos mensuales, ver **Tabla 32**:

**Tabla 32**: *Gastos mensuales*

| Costos | Costo( Bs/mes) |
|---|---|
| Materia Prima | 18.000.000 |
| Carga Fabril | 20.000.000 |
| Mano de Obra Directa | 4.000.000 |
| Mano de Obra Indirecta | 8.000.000 |
| **TOTAL** | **50.000.000** |

**Costo Total:**

- **Propuesta 1:** 6.466.697 Bs
- **Propuesta 2:** 6.561.156 Bs.
- **Propuesta 3:** 3.619.498 Bs.
- **Propuesta 4:** 1.670.570 Bs.

Costo total de la inversión = 18.317.921 Bs.

**Calculando el tiempo de retorno (TR) de la inversión:**

$$TR = \frac{Inversión\ total\ requerida}{Beneficio\ adicional} = \frac{18.317.921\ Bs.}{3.714.230,13\ Bs} = 4,9\ meses$$

Las propuestas de mejoras planteadas se consideran viables económicamente, ya que se espera recuperar la inversión en un lapso de 108 días hábiles.

**CONCLUSIONES**

Este Trabajo Especial de Grado se orientó al análisis de la situación actual de la Línea LP2 del departamento de producción de la empresa CAM CORPORACION AMERICAN MIANERALS C.A., con el propósito de generar propuestas para reducir los desperdicios presentes en las distintas áreas del proceso y así mejorar el aspecto productivo en la misma, reduciendo los movimientos y actividades que provocan fatiga, adecuando las condiciones de orden y almacenamiento, y aumentado la capacidad de procesamiento de la línea en cuestión.

Esta investigación proporciona el orden, manejo y las técnicas necesarias para dar efectivamente con los desperdicios presentes y con las soluciones adecuadas cumpliéndose con el objetivo de estudio. A continuación, se muestra cada una de las propuestas y su impacto en el sistema:

-Con la reestructuración de las prácticas de almacenaje de materias primas a granel se logró fijar las demarcaciones necesarias para  la recepción y remonte de materiales, aprovechando mejor los espacios y cumpliendo con los inventarios requeridos por la empresa, sin incurrir en el contacto directo entre las materias primas recibidas, permitiendo la disminución del 100%  de insumos o materiales defectuosos asociados a ese problema, generando además,  una nueva cultura de orden en el almacenamiento, permitiendo desarrollar con facilidad el debido control de inventario y un ahorro por concepto de alquiler de maquinaria para la realización de remonte de 12.580.000 Bs/año.

-A través de la implementación del dispositivo para la manipulación de sacos y la mesa ergonómica se logró, en conjunto, manejar cargas con un mínimo de esfuerzo por parte del operario encargado de la actividad de ensacado-paletizado y la realización de la misma sin adoptar posturas disergonómicas que afecten la salud de los trabajadores. Los beneficios proporcionados por estas propuestas para reducir los riesgos disergonómicos se centran en evitar el contrato de un nuevo personal por cada operario lesionado, y otros beneficios adicionales asociados a multas por posibles accidentes de trabajo y enfermedades ocupacionales, logrando un beneficio por ahorro 100.941 Bs/mes eliminado 3 movimientos  de alto impacto ergonómico.

-Con el rediseño de un cernidor de materia prima y su implementación se reduce el tiempo de procesamiento de material de 38 min a 2 min por cada palada alimentada, dando como resultado la unificación del proceso, ya que la materia prima en piedra será acondicionada por el dispositivo para mejorar sus características físicas, incrementando la producción diaria de carbonato de calcio con operación de cernido de 3.750 Kg/día a 11.250Kg/día.

En términos generales el monto total de inversión de las propuestas de mejoras descritas anteriormente  es de Bs 18.317.921 y los beneficios económicos asociados se estiman en 3.714.230,13 Bs/mes, con un tiempo de retorno de la inversión de 4,9 meses.

## RECOMENDACIONES

Concluido el estudio en la línea de procesamiento de Talco y Carbonado de Calcio, además de la implantación de las propuestas presentadas en este Trabajo Especial de Grado se recomienda lo siguiente:

-Llevar a cabo cada propuesta planteada en este Trabajo Especial de Grado.

- Tomar en consideración esta investigación como base para futuros cambios que se efectúen en la planta.

- Realizar seguimiento a las propuestas a fin de garantizar la eficiencia dentro de la empresa.

-Evaluar la implementación de los dispositivos de ergonomía y de manipulación de carga en la actividad de cambio de sacos a Big Bag y en todas las áreas en donde se vea en riesgo la salud ocupacional de los trabajadores.

-Incrementar el tamaño de la tolva de alimentación de material pre-molido para disminuir los tiempos de preparación en los que se incurren en el proceso de producción, o en su defecto darle continuidad a la incorporación de una tolva adicional al sistema de producción con una mayor capacidad de almacenamiento que en su momento fue elaborada para este fin.

-Aplicar un nuevo método para la determinación del porcentaje de retención para disminuir el tiempo de repuesta de la actividad de inspección desarrollada posteriormente en el proceso.

-Reinstalar la trituradora de la línea LP2 con el fin de alimentar al sistema piedras con distintos tamaños y esto no represente incremento en los tiempos de preparación como se pudo evidenciar en el análisis realizado a la situación actual.

-Modificar la altura de la balanza electrónica utilizada en la actividad de ensacado y usarla en sustitución de la mesa usada en el proceso, para así eliminar  movimientos innecesarios y disminuir el tiempo invertido en el ensacado-palitizado; adicionalmente esto permitirá tener el control de peso saco a saco y así disminuir la variabilidad de los pesos.

# REFERENCIAS BIBLIOGRÁFICAS

Aguiar, J y Monasterio, L (2013), *Propuesta de un Plan de mejoras que permitiera reducir los tiempos de paradas no planificadas en la línea de envasado nº10 de la empresa Cervecería Polar, C.A. San Joaquín.* Universidad José Antonio Páez-San Diego-Venezuela.

Barrios M., Illada R., Ortiz F. y Sira S. (2007). ESIDE y Diagrama Múltiples. Herramienta para la mejora continua de los procesos. Series de cuadernos de Ingeniería Industrial. Universidad de Carabobo. Valencia-Venezuela.

Blanca, S. (2000). *Aumento de la productividad en una línea de fabricación de Capsulas para la industria farmacéutica, haciendo énfasis en variables directamente relacionadas con el proceso.* [Documento en línea]. Disponible:http://www.ucab.edu.ve/tesisdigitalizadas2/ths_grade/ingeni eroin dustrial.html?page=2 [Consulta: Mayo 2016].

Burgos, G. (2009). *Ingeniería de métodos* (4 ª Reimpresión de la 2a ed.). Universidad de Carabobo-Valencia.

Crespata, O. (2011).*Optimización de los procesos de producción en la fábrica textil Alvaritos Factory.* Escuela Superior Politécnica de Chimborazo Ecuador [Documento en línea]. Disponible: http://dspace.espoch.edu.ec/handle/ 123456789/996 [Consulta: Mayo 2012].

Escorcha, A y Rivas, R. (2013), *Propuestas de mejoras en los métodos de trabajo para incrementar la productividad en el proceso de corte de*

*cintas de    seguridad en 3M Manufacturera Venezuela, S.A.* Universidad
de Carabobo.    Valencia-Venezuela.


Falconi. V. (1992). *Control de la calidad total (al estilo japonés).* Brasil: Bloch
    Editores.


Ferguson, C. (1985). *Teoría Neoclásica de la producción y la distribución.*
México. D.F: Ed. Trillas.

Figuerola, N. (2000). *Eficacia y Eficiencia.* [Documento en línea]. Disponible:
    http://es.scribd.com/doc/4898585/Eficacia-y-Eficiencia [Consulta: junio
    2012].


Hernández, Fernández y Baptista. (2007). *Metodología de la investigación.*
(4ª ed.).    Mc. Graw – Hill Interamericana. México.


Hodson, W. (2001). *Maynard manual del Ingeniero Industrial* (4ª ed.). Mc.
Graw –
    Hill. México.

Jiménez. (2008).*Diagnóstico de la productividad organizacional en Locatel
    Barquisimeto.    [Documento    en    línea].    Disponible:
    http://bibadm.ucla.edu.ve/edocs_baducla/tesis/P850.pdf    [Consulta:
Mayo  2016].


Mejía, C. (1998). *Indicadores de efectividad y eficacia.*

Norma ISO 9000 (2005). [Documento en línea]. Disponible: http://utpl.edu.ec/iso9000/images/stories/NORMA_ISO_9000_2005.pdf [Consulta: Junio 2016].

Perel V, Blanco C y Shapira F (1991). *Calidad y productividad total.* Normas S.A.
    Bogotá. Colombia.

Riggs, J. (1998). *Sistemas de producción: Planeación, análisis y control* (3ª ed.).
    Limusa. México.

Hignett S. y Mcatamney, L (2000). Rapid Entire Body Assessment. Applied Ergonomics.

Rachadell F, Gómez E. (2010) *Manejo de Materiales.* Carabobo, Venezuela.

    Universidad de Carabobo Facultad de Ingeniería, escuela de ingeniería industrial.

Rodríguez, F. (2003). *Indicadores de Calidad y productividad en la empresa* (2ªed.). Corporación andina de fomento. Caracas-Venezuela.

Sabrina, O y Silvia, S (2012), "Plan de mejora de proceso en la línea de producción Uniloy 6 en la empresa Plásticos y Desarrollo s.a.". Universidad Centroccidental Lisandro Alvarado. Barquisimeto-Venezuela.

Sumanth, D. (1990). *Ingeniería y administración de la productividad.* Mc Graw Hill, México. D.F.

Universidad Pedagógica Experimental Libertador. (2011). *Manual de trabajos de*
*Grado de Especialización y Maestría y Tesis Doctorales (4a ed.). Caracas.*

Palella y Martins (2010). Universidad Pedagógica Experimental Libertador (FEDUPEL), Metodología de la investigación cuantitativa.

# ANEXOS

## ANEXO N°1.Lista de desperdicios comunes

| ELEMENTO | DESPERDICIO |
|---|---|
| **MANO DE OBRA** | ☐ Distracciones (falta de concentración) |
| | ☐ Falta de pericia o poco entrenamiento |
| | ☐ Movimientos inefectivos e innecesarios |
| | ☒ Observación de equipos |
| | ☐ Desplazamientos innecesarios |
| | ☒ Condiciones que provocan fatiga |
| | ☐ Condiciones inseguras |
| | ☐ Espera de instrucciones |
| | ☐ Omisiones |
| | ☐ Otro: |
| | ☐ Otro: |
| | ☐ Otro: |
| | ☐ Otro: |
| **ESPACIO** | ☐ Espacios Vacíos |
| | ☐ Almacenamiento de aire |
| | ☐ Obstáculos |
| | ☐ Condiciones ambientales inadecuadas |
| | ☒ Inadecuada distribución de equipos, herramientas y materiales |
| | ☐ Otro: |
| | ☐ Otro: |
| | ☐ Otro: |
| | ☐ Otro: |
| **ACTIVIDADES** | ☐ Procedimientos no estandarizados o mal transmitidos |
| | ☐ Repetición de pasos u operaciones |
| | ☐ Inventario de material en proceso |
| | ☐ Secuencia inadecuada |
| | ☐ Obstáculos |
| | ☒ Generación de otra función u operación (reproceso) |
| | ☐ Desbalance de trabajo en la línea |
| | ☒ Consumo significativo de tiempo |
| | ☐ Ejecución en el momento inadecuado |
| | ☒ Operaciones de preparación |
| | ☐ Inspecciones realizadas fuera de la fuente |
| | ☐ Demoras en el proceso |
| | ☐ Otro: |
| | ☐ Otro: |
| | ☐ Otro: |
| | ☐ Otro: |

# ANEXO N°2.Programa para estimación de inventario

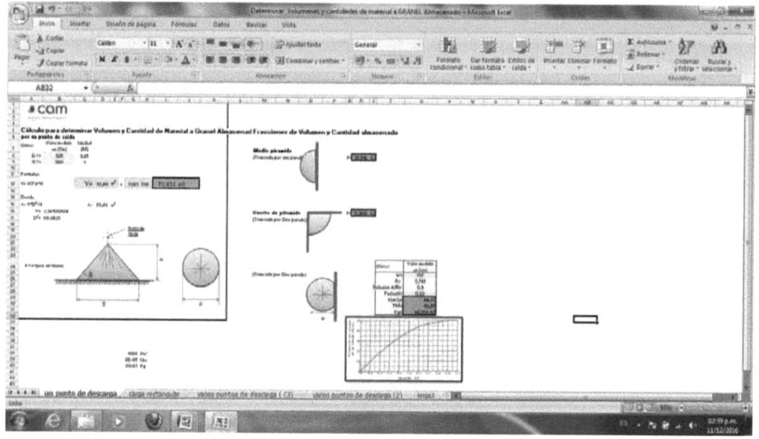

Actividad 2        ANEXO N°3.Evaluacon de actividades con método REBA

## GRUPO A.

### Tronco

| Movimiento | Puntuación | Corrección |
|---|---|---|
| Erguido | 1 | Se suma +1 punto si hay rotación o lateralización del tronco. |
| Flexión: 0°-20° | 2 | |
| Extensión: 0°-20° | | |
| Flexión: 20°-60° | 3 | |
| Extensión >20° | | |
| Flexión >60° | 4 | Total: 5 |

### Cuello

| Movimiento | Puntuación | Corrección |
|---|---|---|
| Flexión: 0°-20° | 1 | Se suma +1 si hay rotación o lateralización. |
| Flexión >20° | 2 | |
| Extensión >20° | | Total: 3 |

### Piernas

| Posición | Puntuación | Corrección |
|---|---|---|
| Soporte bilateral andando o sentado | 1 | Se suma +1 si hay flexión de rodilla 30°-60° |
| Soporte unilateral soporte ligero o postura inestable | 2 | Se suma +2 si las rodillas flexiona >60° — Total: 2 |

**Puntuación de la TABLA A**   8

### Fuerza y/o Carga

| Peso | Puntuación | Corrección | Total: |
|---|---|---|---|
| < 5 Kg. | 0 | Si hay impacto o movimientos bruscos : +1 | |
| 5 - 10 Kg. | 1 | | |
| > 10 Kg. | 2 | | 3 |

**Puntuación A** (Puntuación de la TABLA A + puntuación Fuerza/Carga)   Total: 11

### Actividad

| | |
|---|---|
| Una o más partes del cuerpo se mantienen estáticas por más de 1 min. | (+1) |
| Pequeños movimientos repetitivos hechos más de 4 veces por minuto. | (+1) |
| Cambios rápidos de postura o postura inestable | (+1) |
| | Total: 1 |

### TABLA A

| Cuello | Piernas | Tronco 1 | 2 | 3 | 4 | 5 |
|---|---|---|---|---|---|---|
| 1 | 1 | 1 | 2 | 2 | 3 | 4 |
| 1 | 2 | 2 | 3 | 4 | 5 | 6 |
| 1 | 3 | 3 | 4 | 5 | 6 | 7 |
| 1 | 4 | 4 | 5 | 6 | 7 | 8 |
| 2 | 1 | 1 | 3 | 4 | 5 | 6 |
| 2 | 2 | 2 | 4 | 5 | 6 | 7 |
| 2 | 3 | 3 | 5 | 6 | 7 | 8 |
| 2 | 4 | 4 | 6 | 7 | 8 | 9 |
| 3 | 1 | 3 | 4 | 5 | 6 | 7 |
| 3 | 2 | 3 | 5 | 6 | 7 | 8 |
| 3 | 3 | 5 | 6 | 7 | 8 | 9 |
| 3 | 4 | 6 | 7 | 8 | 9 | 9 |

### TABLA B

| Antebrazos | Muñecas | Brazos 1 | 2 | 3 | 4 | 5 | 6 |
|---|---|---|---|---|---|---|---|
| 1 | 1 | 1 | 1 | 3 | 4 | 6 | 7 |
| 1 | 2 | 2 | 2 | 4 | 5 | 7 | 8 |
| 1 | 3 | 2 | 3 | 5 | 5 | 8 | 8 |
| 2 | 1 | 1 | 2 | 4 | 5 | 7 | 8 |
| 2 | 2 | 2 | 3 | 5 | 6 | 8 | 9 |
| 2 | 3 | 3 | 4 | 5 | 7 | 8 | 9 |

### TABLA C

| Puntuación B | Puntuación A 1 | 2 | 3 | 4 | 5 | 6 | 7 | 8 | 9 | 10 | 11 | 12 |
|---|---|---|---|---|---|---|---|---|---|---|---|---|
| 1 | 1 | 1 | 2 | 3 | 4 | 6 | 7 | 8 | 9 | 10 | 11 | 12 |
| 2 | 1 | 2 | 3 | 4 | 4 | 6 | 7 | 8 | 9 | 10 | 11 | 12 |
| 3 | 1 | 2 | 3 | 4 | 4 | 6 | 7 | 8 | 9 | 10 | 11 | 12 |
| 4 | 2 | 3 | 3 | 4 | 5 | 7 | 8 | 9 | 10 | 11 | 11 | 12 |
| 5 | 3 | 4 | 4 | 5 | 6 | 8 | 9 | 10 | 10 | 11 | 12 | 12 |
| 6 | 3 | 4 | 5 | 6 | 7 | 8 | 9 | 10 | 10 | 11 | 12 | 12 |
| 7 | 4 | 5 | 6 | 7 | 8 | 9 | 9 | 10 | 11 | 11 | 12 | 12 |
| 8 | 5 | 6 | 7 | 8 | 8 | 9 | 10 | 10 | 11 | 12 | 12 | 12 |
| 9 | 6 | 6 | 7 | 8 | 9 | 10 | 10 | 10 | 11 | 12 | 12 | 12 |
| 10 | 7 | 7 | 8 | 9 | 9 | 10 | 11 | 11 | 12 | 12 | 12 | 12 |
| 11 | 7 | 7 | 8 | 9 | 9 | 10 | 11 | 11 | 12 | 12 | 12 | 12 |
| 12 | 7 | 8 | 8 | 9 | 9 | 10 | 11 | 11 | 12 | 12 | 12 | 12 |

### Decisión del REBA

| Puntuación del REBA | Nivel de riesgo | Color de riesgo |
|---|---|---|
| 1 | | VERDE |
| (2-3) | BAJO | VERDE |
| (4-7) | MEDIO | AMARILO |
| (8-10) | ALTO | ROJO |
| (11-15) | MUY ALTO | ROJO + |

## GRUPO B

### Brazos

| Corrección | Puntuación | Posición |
|---|---|---|
| Se suma +1 si hay: rotación o abducción, elevación del hombro. Se -1 si hay apoyo o postura en favor de la gravedad. | 1 | Flexión: 0°-20° / Extensión: 0°-20° |
| | 2 | Flexión 45°-90° / Extensión >20° |
| | 3 | Flexión: 45°-90° |
| | 4 | Flexión >90° |

Izq. Total: 3   Der. Total: 3

### Antebrazos

| Puntuación | Movimiento |
|---|---|
| 1 | Flexión: 60°-100° |
| 2 | Flexión <60° / Flexión >100° |

Izq. Total: 1   Der. Total: 1

### Muñecas

| Corrección | Puntuación | Movimiento |
|---|---|---|
| Se suma +1 si hay rotación o lateralización. | 1 | Flexión: 0°-15° / Extensión: 0°-15° |
| | 2 | Flexión >15° / Extensión >15° |

Izq. Total: 3   Der. Total: 3

Izq. 4   Der. 4

**Puntuación de la TABLA B:**

### Acoplamiento

| | |
|---|---|
| 0 | Bueno |
| 1 | Aceptable |
| 2 | Pobre |
| 3 | Inaceptable |

Izq. Total: 2   Der. Total: 2

Izq. Total: 6   Der. Total: 6

**Puntuación B:** (Puntuación de la TABLA B + Puntuación del acoplamiento)

**Puntuación C:** (De la TABLA C)

Izq. Total: 12   Der. Total: 12

**Puntuación actividad**

Izq. Total: 1   Der. Total: 1

**PUNTUACIÓN DEL REBA** (Puntuación C + Puntuación actividad)

Izq. Total: 13   Der. Total: 13

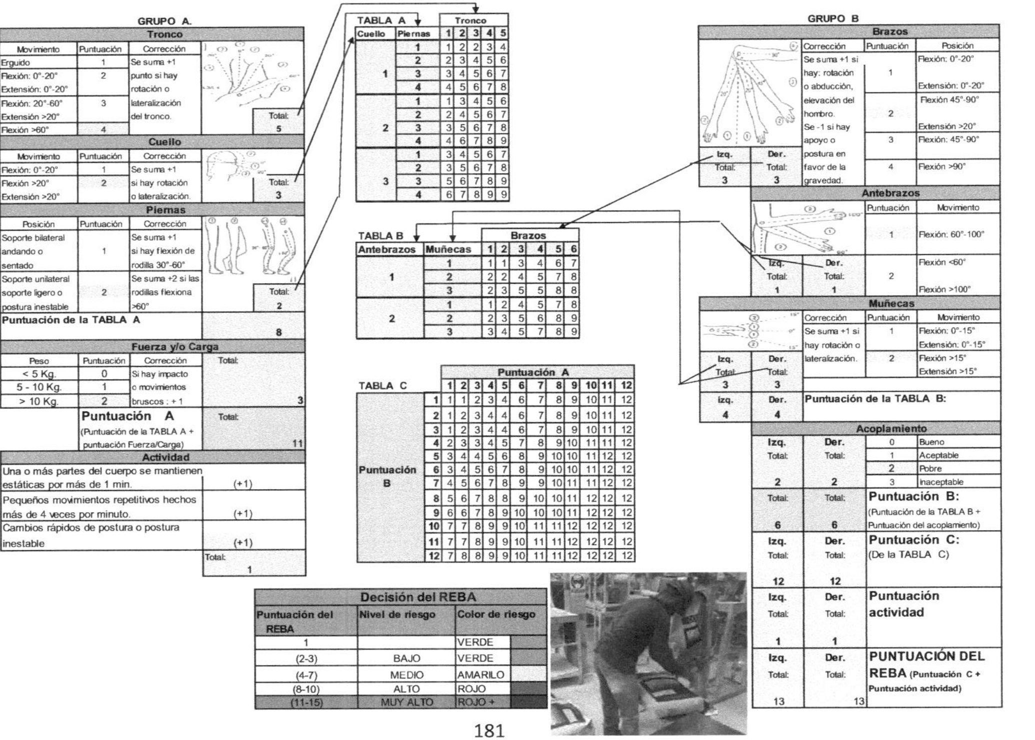

181

# Actividad 3

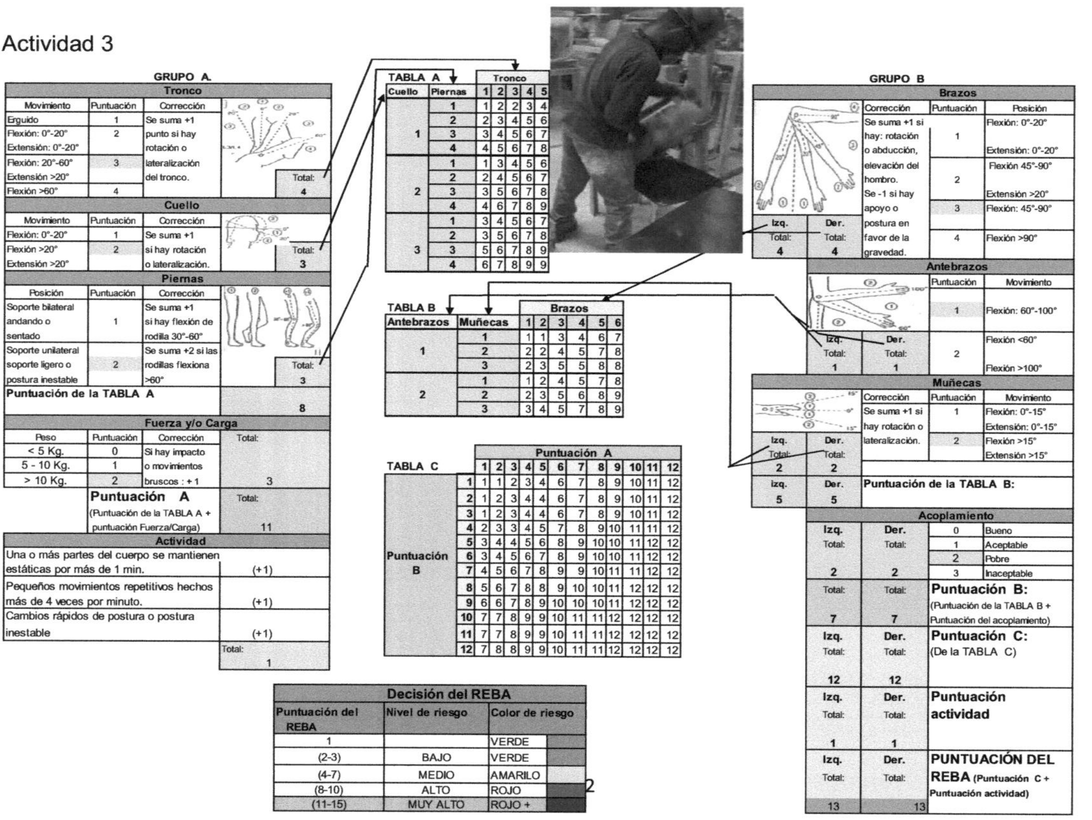

## GRUPO A.

### Tronco

| Movimiento | Puntuación | Corrección |
|---|---|---|
| Erguido | 1 | Se suma +1 punto si hay rotación o lateralización del tronco. |
| Flexión: 0°-20° | 2 | |
| Extensión: 0°-20° | | |
| Flexión: 20°-60° | 3 | |
| Extensión >20° | | |
| Flexión >60° | 4 | |

Total: 4

### Cuello

| Movimiento | Puntuación | Corrección |
|---|---|---|
| Flexión: 0°-20° | 1 | Se suma +1 si hay rotación o lateralización. |
| Flexión >20° | 2 | |
| Extensión >20° | | |

Total: 3

### Piernas

| Posición | Puntuación | Corrección |
|---|---|---|
| Soporte bilateral andando o sentado | 1 | Se suma +1 si hay flexión de rodilla 30°-60° |
| Soporte unilateral soporte ligero o postura inestable | 2 | Se suma +2 si las rodillas flexiona >60° |

Total: 3

**Puntuación de la TABLA A**

8

### Fuerza y/o Carga

| Peso | Puntuación | Corrección | Total: |
|---|---|---|---|
| < 5 Kg. | 0 | Si hay impacto o movimientos bruscos : +1 | 3 |
| 5 - 10 Kg. | 1 | | |
| > 10 Kg. | 2 | | |

**Puntuación A**  (Puntuación de la TABLA A + puntuación Fuerza/Carga) — Total: 11

### Actividad

| | |
|---|---|
| Una o más partes del cuerpo se mantienen estáticas por más de 1 min. | (+1) |
| Pequeños movimientos repetitivos hechos más de 4 veces por minuto. | (+1) |
| Cambios rápidos de postura o postura inestable | (+1) |

Total: 1

## TABLA A

| Cuello | Piernas | Tronco 1 | 2 | 3 | 4 | 5 |
|---|---|---|---|---|---|---|
| 1 | 1 | 1 | 2 | 3 | 4 | 5 |
| 1 | 2 | 2 | 3 | 4 | 5 | 6 |
| 1 | 3 | 3 | 4 | 5 | 6 | 7 |
| 1 | 4 | 4 | 5 | 6 | 7 | 8 |
| 2 | 1 | 1 | 3 | 4 | 5 | 6 |
| 2 | 2 | 2 | 4 | 5 | 6 | 7 |
| 2 | 3 | 3 | 5 | 6 | 7 | 8 |
| 2 | 4 | 4 | 6 | 7 | 8 | 9 |
| 3 | 1 | 3 | 4 | 5 | 6 | 7 |
| 3 | 2 | 3 | 5 | 6 | 7 | 8 |
| 3 | 3 | 5 | 6 | 7 | 8 | 9 |
| 3 | 4 | 6 | 7 | 8 | 9 | 9 |

## TABLA B

| Antebrazos | Muñecas | Brazos 1 | 2 | 3 | 4 | 5 | 6 |
|---|---|---|---|---|---|---|---|
| 1 | 1 | 1 | 1 | 3 | 4 | 6 | 7 |
| 1 | 2 | 2 | 2 | 4 | 5 | 7 | 8 |
| 1 | 3 | 2 | 3 | 5 | 5 | 8 | 8 |
| 2 | 1 | 1 | 2 | 4 | 5 | 7 | 8 |
| 2 | 2 | 2 | 3 | 5 | 6 | 8 | 9 |
| 2 | 3 | 3 | 4 | 5 | 7 | 8 | 9 |

## TABLA C

| Puntuación B \ Puntuación A | 1 | 2 | 3 | 4 | 5 | 6 | 7 | 8 | 9 | 10 | 11 | 12 |
|---|---|---|---|---|---|---|---|---|---|---|---|---|
| 1 | 1 | 1 | 2 | 3 | 4 | 6 | 7 | 8 | 9 | 10 | 11 | 12 |
| 2 | 1 | 2 | 3 | 4 | 4 | 6 | 7 | 8 | 9 | 10 | 11 | 12 |
| 3 | 1 | 2 | 3 | 4 | 4 | 6 | 7 | 8 | 9 | 10 | 11 | 12 |
| 4 | 2 | 3 | 3 | 4 | 5 | 7 | 8 | 9 | 10 | 11 | 11 | 12 |
| 5 | 3 | 4 | 4 | 5 | 6 | 8 | 9 | 10 | 10 | 11 | 12 | 12 |
| 6 | 3 | 4 | 5 | 6 | 7 | 8 | 9 | 10 | 10 | 11 | 12 | 12 |
| 7 | 4 | 5 | 6 | 7 | 8 | 9 | 9 | 10 | 11 | 11 | 12 | 12 |
| 8 | 5 | 6 | 7 | 8 | 8 | 9 | 10 | 10 | 11 | 12 | 12 | 12 |
| 9 | 6 | 6 | 7 | 8 | 9 | 10 | 10 | 10 | 11 | 12 | 12 | 12 |
| 10 | 7 | 7 | 8 | 9 | 9 | 10 | 11 | 11 | 12 | 12 | 12 | 12 |
| 11 | 7 | 7 | 8 | 9 | 9 | 10 | 11 | 11 | 12 | 12 | 12 | 12 |
| 12 | 7 | 8 | 8 | 9 | 9 | 10 | 11 | 11 | 12 | 12 | 12 | 12 |

## GRUPO B

### Brazos

| Corrección | Puntuación | Posición |
|---|---|---|
| Se suma +1 si hay: rotación o abducción, elevación del hombro. Se -1 si hay apoyo o postura en favor de la gravedad. | 1 | Flexión: 0°-20° / Extensión: 0°-20° |
| | 2 | Flexión 45°-90° / Extensión >20° |
| | 3 | Flexión: 45°-90° |
| | 4 | Flexión >90° |

Izq. Total: 4 — Der. Total: 4

### Antebrazos

| Puntuación | Movimiento |
|---|---|
| 1 | Flexión: 60°-100° |
| 2 | Flexión <60° / Flexión >100° |

Izq. Total: 1 — Der. Total: 1

### Muñecas

| Corrección | Puntuación | Movimiento |
|---|---|---|
| Se suma +1 si hay rotación o lateralización. | 1 | Flexión: 0°-15° / Extensión: 0°-15° |
| | 2 | Flexión >15° / Extensión >15° |

Izq. Total: 2 — Der. Total: 2

**Puntuación de la TABLA B:** Izq. 5 — Der. 5

### Acoplamiento

| Puntuación | Descripción |
|---|---|
| 0 | Bueno |
| 1 | Aceptable |
| 2 | Pobre |
| 3 | Inaceptable |

Izq. 2 — Der. 2

**Puntuación B:** (Puntuación de la TABLA B + Puntuación del acoplamiento) — Izq. Total: 7 — Der. Total: 7

**Puntuación C:** (De la TABLA C) — Izq. Total: 12 — Der. Total: 12

**Puntuación actividad** — Izq. Total: 1 — Der. Total: 1

**PUNTUACIÓN DEL REBA** (Puntuación C + Puntuación actividad) — Izq. Total: 13 — Der. Total: 13

## Decisión del REBA

| Puntuación del REBA | Nivel de riesgo | Color de riesgo |
|---|---|---|
| 1 | | VERDE |
| (2-3) | BAJO | VERDE |
| (4-7) | MEDIO | AMARILO |
| (8-10) | ALTO | ROJO |
| (11-15) | MUY ALTO | ROJO + |

# Actividad 4

## GRUPO A.

### Tronco

| Movimiento | Puntuación | Corrección | |
|---|---|---|---|
| Erguido | 1 | Se suma +1 | |
| Flexión: 0°-20° | 2 | punto si hay | |
| Extensión: 0°-20° | | rotación o | |
| Flexión: 20°-60° | 3 | lateralización | |
| Extensión >20° | | del tronco. | Total: |
| Flexión >60° | 4 | | 2 |

### Cuello

| Movimiento | Puntuación | Corrección | |
|---|---|---|---|
| Flexión: 0°-20° | 1 | Se suma +1 | |
| Flexión >20° | 2 | si hay rotación | Total: |
| Extensión >20° | | o lateralización. | 3 |

### Piernas

| Posición | Puntuación | Corrección | |
|---|---|---|---|
| Soporte bilateral andando o sentado | 1 | Se suma +1 si hay flexión de rodilla 30°-60° | |
| Soporte unilateral soporte ligero o postura inestable | 2 | Se suma +2 si las rodillas flexiona >60° | Total: 2 |

**Puntuación de la TABLA A**

5

### Fuerza y/o Carga

| Peso | Puntuación | Corrección | Total: |
|---|---|---|---|
| < 5 Kg. | 0 | Si hay impacto | |
| 5 - 10 Kg. | 1 | o movimientos | |
| > 10 Kg. | 2 | bruscos : + 1 | 0 |

**Puntuación A** — Total:
(Puntuación de la TABLA A + puntuación Fuerza/Carga)

5

### Actividad

| | |
|---|---|
| Una o más partes del cuerpo se mantienen estáticas por más de 1 min. | (+1) |
| Pequeños movimientos repetitivos hechos más de 4 veces por minuto. | (+1) |
| Cambios rápidos de postura o postura inestable | (+1) |
| | Total: 1 |

## TABLA A

| Cuello | Piernas | Tronco 1 | 2 | 3 | 4 | 5 |
|---|---|---|---|---|---|---|
| 1 | 1 | 1 | 2 | 2 | 3 | 4 |
| | 2 | 2 | 3 | 4 | 5 | 6 |
| | 3 | 3 | 4 | 5 | 6 | 7 |
| | 4 | 4 | 5 | 6 | 7 | 8 |
| 2 | 1 | 1 | 3 | 4 | 5 | 6 |
| | 2 | 2 | 4 | 5 | 6 | 7 |
| | 3 | 3 | 5 | 6 | 7 | 8 |
| | 4 | 4 | 6 | 7 | 8 | 9 |
| 3 | 1 | 3 | 4 | 5 | 6 | 7 |
| | 2 | 3 | 5 | 6 | 7 | 8 |
| | 3 | 5 | 6 | 7 | 8 | 9 |
| | 4 | 6 | 7 | 8 | 9 | 9 |

## TABLA B

| Antebrazos | Muñecas | Brazos 1 | 2 | 3 | 4 | 5 | 6 |
|---|---|---|---|---|---|---|---|
| 1 | 1 | 1 | 1 | 3 | 4 | 6 | 7 |
| | 2 | 2 | 2 | 4 | 5 | 7 | 8 |
| | 3 | 2 | 3 | 5 | 5 | 8 | 8 |
| 2 | 1 | 1 | 2 | 4 | 5 | 7 | 8 |
| | 2 | 2 | 3 | 5 | 6 | 8 | 9 |
| | 3 | 3 | 4 | 5 | 7 | 8 | 9 |

## TABLA C

| Puntuación B | Puntuación A 1 | 2 | 3 | 4 | 5 | 6 | 7 | 8 | 9 | 10 | 11 | 12 |
|---|---|---|---|---|---|---|---|---|---|---|---|---|
| 1 | 1 | 1 | 1 | 2 | 3 | 3 | 4 | 5 | 6 | 7 | 7 | 7 |
| 2 | 1 | 2 | 2 | 3 | 4 | 4 | 5 | 6 | 6 | 7 | 7 | 8 |
| 3 | 2 | 3 | 3 | 3 | 4 | 5 | 6 | 7 | 7 | 8 | 8 | 8 |
| 4 | 3 | 4 | 4 | 4 | 5 | 6 | 7 | 8 | 8 | 9 | 9 | 9 |
| 5 | 4 | 4 | 4 | 5 | 6 | 7 | 8 | 8 | 9 | 9 | 9 | 9 |
| 6 | 6 | 6 | 6 | 7 | 8 | 8 | 9 | 9 | 10 | 10 | 10 | 10 |
| 7 | 7 | 7 | 7 | 8 | 9 | 9 | 9 | 10 | 10 | 11 | 11 | 11 |
| 8 | 8 | 8 | 8 | 9 | 10 | 10 | 10 | 10 | 10 | 11 | 11 | 11 |
| 9 | 9 | 9 | 9 | 10 | 10 | 10 | 11 | 11 | 11 | 12 | 12 | 12 |
| 10 | 10 | 10 | 10 | 11 | 11 | 11 | 11 | 12 | 12 | 12 | 12 | 12 |
| 11 | 11 | 11 | 11 | 11 | 12 | 12 | 12 | 12 | 12 | 12 | 12 | 12 |
| 12 | 12 | 12 | 12 | 12 | 12 | 12 | 12 | 12 | 12 | 12 | 12 | 12 |

## Decisión del REBA

| Puntuación del REBA | Nivel de riesgo | Color de riesgo | |
|---|---|---|---|
| 1 | | VERDE | |
| (2-3) | BAJO | VERDE | |
| (4-7) | MEDIO | AMARILO | |
| (8-10) | ALTO | ROJO | |
| (11-15) | MUY ALTO | ROJO + | |

## GRUPO B

### Brazos

| Corrección | Puntuación | Posición |
|---|---|---|
| Se suma +1 si hay: rotación o abducción, elevación del hombro. Se -1 si hay apoyo o postura en favor de la gravedad. | 1 | Flexión: 0°-20° |
| | | Extensión: 0°-20° |
| | 2 | Flexión 45°-90° |
| | | Extensión >20° |
| | 3 | Flexión: 45°-90° |
| | 4 | Flexión >90° |

| Izq. | Der. |
|---|---|
| Total: 2 | Total: 2 |

### Antebrazos

| | Puntuación | Movimiento |
|---|---|---|
| | 1 | Flexión: 60°-100° |
| | 2 | Flexión <60° |
| | | Flexión >100° |

| Izq. | Der. |
|---|---|
| Total: 1 | Total: 1 |

### Muñecas

| Corrección | Puntuación | Movimiento |
|---|---|---|
| Se suma +1 si hay rotación o lateralización. | 1 | Flexión: 0°-15° |
| | | Extensión: 0°-15° |
| | 2 | Flexión >15° |
| | | Extensión >15° |

| Izq. | Der. |
|---|---|
| Total: 2 | Total: 2 |

**Puntuación de la TABLA B:**

| izq. | Der. |
|---|---|
| 2 | 2 |

### Acoplamiento

| | | 0 | Bueno |
|---|---|---|---|
| | | 1 | Aceptable |
| | | 2 | Pobre |
| Izq. | Der. | 3 | Inaceptable |
| Total: | Total: | | |
| 0 | 0 | | |

| Izq. Total: | Der. Total: | **Puntuación B:** (Puntuación de la TABLA B + Puntuación del acoplamiento) |
|---|---|---|
| 2 | 2 | |

| Izq. Total: | Der. Total: | **Puntuación C:** (De la TABLA C) |
|---|---|---|
| 4 | 4 | |

| Izq. Total: | Der. Total: | **Puntuación actividad** |
|---|---|---|
| 1 | 1 | |

| Izq. Total: | Der. Total: | **PUNTUACIÓN DEL REBA** (Puntuación C + Puntuación actividad) |
|---|---|---|
| 5 | 5 | |

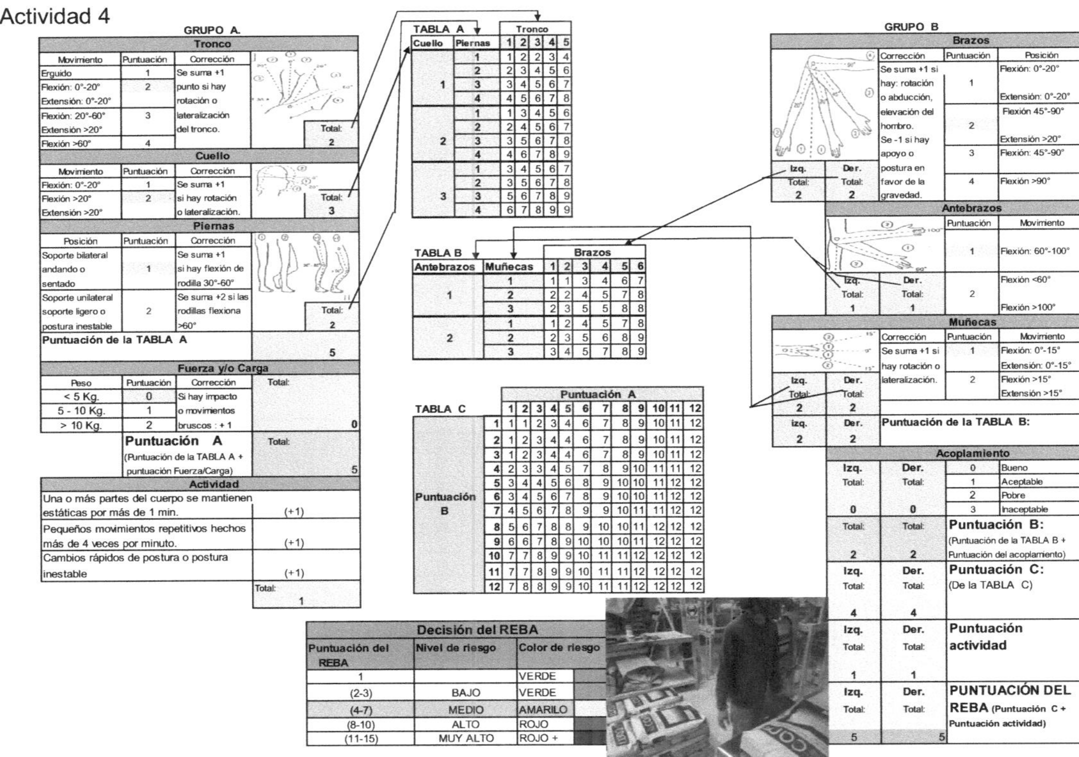

# Actividad 5

## GRUPO A

### Tronco

| Movimiento | Puntuación | Corrección |
|---|---|---|
| Erguido | 1 | Se suma +1 |
| Flexión: 0°-20° | 2 | punto si hay |
| Extensión: 0°-20° | | rotación o |
| Flexión: 20°-60° | 3 | lateralización |
| Extensión >20° | | del tronco. |
| Flexión >60° | 4 | |

Total: 5

### Cuello

| Movimiento | Puntuación | Corrección |
|---|---|---|
| Flexión: 0°-20° | 1 | Se suma +1 |
| Flexión >20° | 2 | si hay rotación |
| Extensión >20° | | o lateralización. |

Total: 3

### Piernas

| Posición | Puntuación | Corrección |
|---|---|---|
| Soporte bilateral andando o sentado | 1 | Se suma +1 si hay flexión de rodilla 30°-60° |
| Soporte unilateral soporte ligero o postura inestable | 2 | Se suma +2 si las rodillas flexiona >60° |

Total: 3

**Puntuación de la TABLA A** — 9

### Fuerza y/o Carga

| Peso | Puntuación | Corrección | Total: |
|---|---|---|---|
| < 5 Kg. | 0 | Si hay impacto | |
| 5 - 10 Kg. | 1 | o movimientos | |
| > 10 Kg. | 2 | bruscos : + 1 | |

**Puntuación A** (Puntuación de la TABLA A + puntuación Fuerza/Carga) — Total: 12

### Actividad

| | |
|---|---|
| Una o más partes del cuerpo se mantienen estáticas por más de 1 min. | (+1) |
| Pequeños movimientos repetitivos hechos más de 4 veces por minuto. | (+1) |
| Cambios rápidos de postura o postura inestable | (+1) |

Total: 1

## TABLA A

| Cuello | Piernas | Tronco 1 | 2 | 3 | 4 | 5 |
|---|---|---|---|---|---|---|
| 1 | 1 | 1 | 2 | 2 | 3 | 4 |
| | 2 | 2 | 3 | 4 | 5 | 6 |
| | 3 | 3 | 4 | 5 | 6 | 7 |
| | 4 | 4 | 5 | 6 | 7 | 8 |
| 2 | 1 | 1 | 3 | 4 | 5 | 6 |
| | 2 | 2 | 4 | 5 | 6 | 7 |
| | 3 | 3 | 5 | 6 | 7 | 8 |
| | 4 | 4 | 6 | 7 | 8 | 9 |
| 3 | 1 | 3 | 4 | 5 | 6 | 7 |
| | 2 | 3 | 5 | 6 | 7 | 8 |
| | 3 | 5 | 6 | 7 | 8 | 9 |
| | 4 | 6 | 7 | 8 | 9 | 9 |

## TABLA B

| Antebrazos | Muñecas | Brazos 1 | 2 | 3 | 4 | 5 | 6 |
|---|---|---|---|---|---|---|---|
| 1 | 1 | 1 | 1 | 3 | 4 | 6 | 7 |
| | 2 | 2 | 2 | 4 | 5 | 7 | 8 |
| | 3 | 2 | 3 | 5 | 5 | 8 | 8 |
| 2 | 1 | 1 | 2 | 4 | 5 | 7 | 8 |
| | 2 | 2 | 3 | 5 | 6 | 8 | 9 |
| | 3 | 3 | 4 | 5 | 7 | 8 | 9 |

## TABLA C

| Puntuación B | Puntuación A 1 | 2 | 3 | 4 | 5 | 6 | 7 | 8 | 9 | 10 | 11 | 12 |
|---|---|---|---|---|---|---|---|---|---|---|---|---|
| 1 | 1 | 1 | 2 | 3 | 4 | 6 | 7 | 8 | 9 | 10 | 11 | 12 |
| 2 | 1 | 2 | 3 | 4 | 4 | 6 | 7 | 8 | 9 | 10 | 11 | 12 |
| 3 | 1 | 2 | 3 | 4 | 4 | 6 | 7 | 8 | 9 | 10 | 11 | 12 |
| 4 | 2 | 3 | 3 | 4 | 5 | 7 | 8 | 9 | 10 | 11 | 11 | 12 |
| 5 | 3 | 4 | 4 | 5 | 6 | 8 | 9 | 10 | 10 | 11 | 12 | 12 |
| 6 | 3 | 4 | 5 | 6 | 7 | 8 | 9 | 10 | 10 | 11 | 12 | 12 |
| 7 | 4 | 5 | 6 | 7 | 8 | 9 | 9 | 10 | 11 | 11 | 12 | 12 |
| 8 | 5 | 6 | 7 | 8 | 8 | 9 | 10 | 10 | 11 | 12 | 12 | 12 |
| 9 | 6 | 6 | 7 | 8 | 9 | 10 | 10 | 10 | 11 | 12 | 12 | 12 |
| 10 | 7 | 7 | 8 | 9 | 9 | 10 | 11 | 11 | 12 | 12 | 12 | 12 |
| 11 | 7 | 7 | 8 | 9 | 9 | 10 | 11 | 11 | 12 | 12 | 12 | 12 |
| 12 | 7 | 8 | 8 | 9 | 9 | 10 | 11 | 11 | 12 | 12 | 12 | 12 |

## GRUPO B

### Brazos

| Corrección | Puntuación | Posición |
|---|---|---|
| Se suma +1 si hay: rotación o abducción, elevación del hombro. Se -1 si hay apoyo o postura en favor de la gravedad. | 1 | Flexión: 0°-20° / Extensión: 0°-20° |
| | 2 | Flexión 45°-90° / Extensión >20° |
| | 3 | Flexión: 45°-90° |
| | 4 | Flexión >90° |

Izq. Total: 4 | Der. Total: 4

### Antebrazos

| Puntuación | Movimiento |
|---|---|
| 1 | Flexión: 60°-100° |
| 2 | Flexión <60° / Flexión >100° |

Izq. Total: 1 | Der. Total: 1

### Muñecas

| Corrección | Puntuación | Movimiento |
|---|---|---|
| Se suma +1 si hay rotación o lateralización. | 1 | Flexión: 0°-15° / Extensión: 0°-15° |
| | 2 | Flexión >15° / Extensión >15° |

Izq. Total: 2 | Der. Total: 2

**Puntuación de la TABLA B:** izq. 5 | Der. 5

### Acoplamiento

| | |
|---|---|
| 0 | Bueno |
| 1 | Aceptable |
| 2 | Pobre |
| 3 | Inaceptable |

Izq. Total: 2 | Der. Total: 2

**Puntuación B:** (Puntuación de la TABLA B + Puntuación del acoplamiento) — Izq. 7 | Der. 7

**Puntuación C:** (De la TABLA C) — Izq. Total: 12 | Der. Total: 12

**Puntuación actividad** — Izq. Total: 1 | Der. Total: 1

**PUNTUACIÓN DEL REBA** (Puntuación C + Puntuación actividad) — Izq. Total: 13 | Der. Total: 13

## Decisión del REBA

| Puntuación del REBA | Nivel de riesgo | Color de riesgo |
|---|---|---|
| 1 | | VERDE |
| (2-3) | BAJO | VERDE |
| (4-7) | MEDIO | AMARILO |
| (8-10) | ALTO | ROJO |
| (11-15) | MUY ALTO | ROJO + |

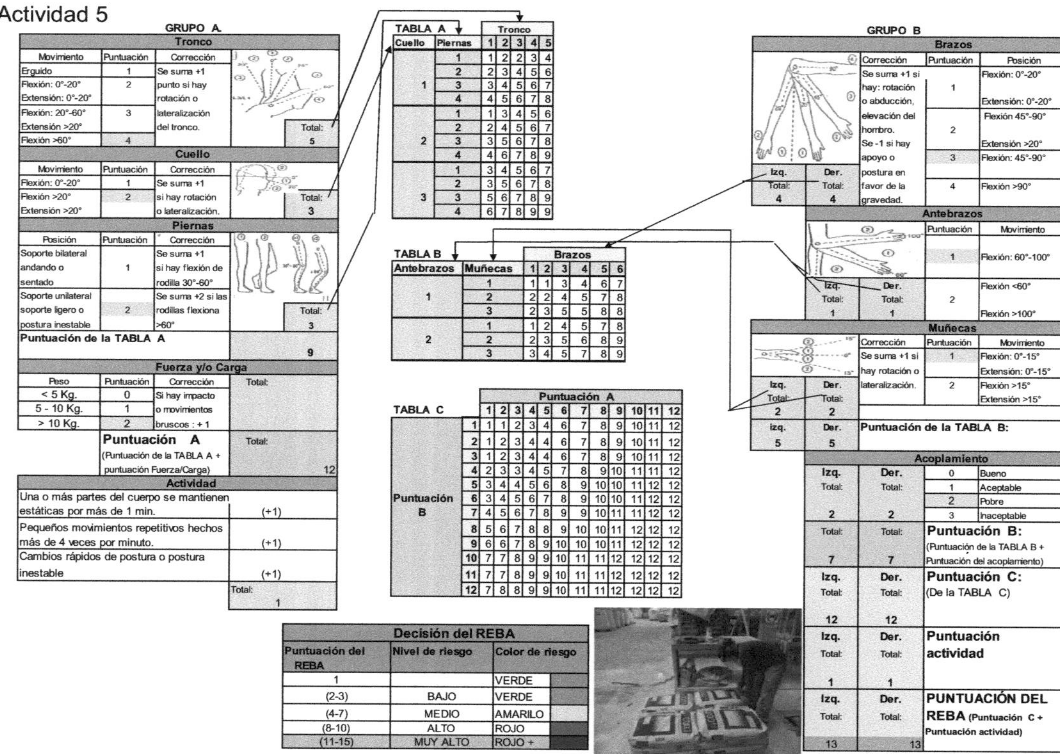

184